高校

数学Ⅰをひとつひとつわかりやすく。
［パワーアップ版］

Gakken

まえがき

みなさんの中に，
「算数は得意だったのに…。」
「中学校の数学がよくわからないまま，高校生になってしまった。」
「高校の数学になったら，難しく感じる。」
と思っている人はいませんか。

参考書を見ても，
「どうして，ここでこのような変形をするのか？」
「どうして，ここでこの公式を使うのか？」
などの疑問を感じることはありませんか。

この「高校 数学Ⅰをひとつひとつわかりやすく。」を使って学習していけば，
基本的な事項を確認することができ，問題が解けるようになります。この本
で用いる文字式や数の計算にそれほど複雑なものはありません。教科書の内
容をひとつひとつていねいに解説してありますから，ひとりで学習できます。

みなさんが数学Ⅰで学ぶ内容は，これから数学を学んでいく基礎として，か
かすことのできない大切なものです。しっかり学びましょう。

この本は「数と式」，「2次関数」，「図形と計量」，「データの分析」の4章か
らできており，数学の見方や考え方をとおして，計算の力が身につくように
説明しています。みなさんの将来にとって大きな力になると思います。

この本で学習することによって，ひとりでも多くの人に，わかる喜びや数学
のおもしろさを感じてもらえたら，うれしく思います。

著者

もくじ

1章　数と式

01 整式を整理しよう
　整式の整理 ……………………… 006

02 整式とその足し算・引き算
　整式の足し算・引き算 …………… 008

03 単項式のかけ算
　指数法則 ………………………… 010

04 整式の展開
　式の展開 ………………………… 012

05 乗法公式を確認しよう
　乗法公式① ……………………… 014

06 $(ax+b)(cx+d)$の展開
　乗法公式② ……………………… 016

07 置き換えによる展開
　展開の工夫 ……………………… 018

08 共通因数をくくり出そう
　共通な因数 ……………………… 020

09 因数分解の公式の確認
　因数分解の公式① ……………… 022

10 $acx^2+(ad+bc)x+bd$の因数分解
　因数分解の公式② ……………… 024

11 置き換えによる因数分解
　因数分解の工夫 ………………… 026

12 実数の分類
　実数 ……………………………… 028

13 絶対値とは?
　絶対値 …………………………… 030

14 根号を含む式の計算
　平方根 …………………………… 032

15 分母に根号を含む式の変形
　分母の有理化 …………………… 034

16 不等式の性質
　不等式 …………………………… 036

17 1次不等式を解こう
　1次不等式 ……………………… 038

18 連立不等式を解こう
　連立不等式の解法 ……………… 040

19 集合の表し方と包含関係
　集合の表し方 …………………… 042

20 共通部分と和集合と補集合
　共通部分と和集合 ……………… 044

21 命題「$p{\Rightarrow}q$」の真偽を調べよう
　命題の真偽 ……………………… 046

22 必要条件と十分条件
　必要条件と十分条件 …………… 048

23 「かつ」「または」の否定
　条件の否定 ……………………… 050

24 命題の逆・裏・対偶
　逆・裏・対偶 …………………… 052

　いろいろな証明法 ……………… 054

　共通テスト対策問題にチャレンジ … 056

2章　2次関数

25 関数の定義域と値域
　定義域と値域 …………………… 058

26 $y=ax^2$のグラフ
　2次関数のグラフ① ……………… 060

27 $y=ax^2+q$のグラフ
　2次関数のグラフ② ……………… 062

28 $y=a(x-p)^2$のグラフ
　2次関数のグラフ③ ……………… 064

29 $y=a(x-p)^2+q$のグラフ
　2次関数のグラフ④ ……………… 066

30 $ax^2+bx+c=a(x-p)^2+q$の変形
　平方完成 ………………………… 068

31 $y=ax^2+bx+c$のグラフ
　2次関数のグラフ⑤ ……………… 070

32 2次関数の最大・最小
　2次関数の最大・最小① ………… 072

33 定義域が限られた2次関数の最大・最小
　2次関数の最大・最小② ………… 074

34 2次関数の決定
　2次関数の決定 ………………… 076

35 2次方程式を解こう
　2次方程式の解法① ……………… 078

36 2次方程式の解の個数
　2次方程式の解法② ……………… 080

37 2次関数のグラフとx軸の共有点
　グラフと2次方程式 ……………… 082

38 2次不等式(1)
　グラフと2次不等式① …………… 084

39 2次不等式(2)
　グラフと2次不等式② …………… 086

40 連立不等式
　連立不等式 ……………………… 088

共通テスト対策問題にチャレンジ … 090

3章　図形と計量

41 正接・正弦・余弦
　　　三角比 …………………………… 092

42 三角比の相互関係
　　　三角比の相互関係① …………… 094

43 0°≦θ≦180°の三角比の値
　　　座標を用いた三角比の定義 …… 096

44 三角比の相互関係（鈍角）
　　　三角比の相互関係② …………… 098

45 三角比の値から角を求めよう
　　　三角比と角 ……………………… 100

46 正弦定理
　　　正弦定理 ………………………… 102

47 余弦定理
　　　余弦定理 ………………………… 104

48 三角形の面積
　　　三角形の面積 …………………… 106

49 空間図形の計量
　　　空間図形の計量 ………………… 108
　共通テスト対策問題にチャレンジ … 110

4章　データの分析

50 データの整理
　　　度数分布表 ……………………… 112

51 データの代表値
　　　代表値 …………………………… 114

52 四分位数とは？
　　　データの散らばり① …………… 116

53 分散と標準偏差
　　　データの散らばり② …………… 118

54 散布図と相関係数
　　　データの相関 …………………… 120
　共通テスト対策問題にチャレンジ … 122
　三角比表 …………………………… 125

本書の使い方

・1回分の学習は2ページです。
・章のおわりには「共通テスト対策問題にチャレンジ」があります。
　問題は，センター試験本試や追試，また一部改訂したものです。どれぐらい解けるか，挑戦してみましょう。

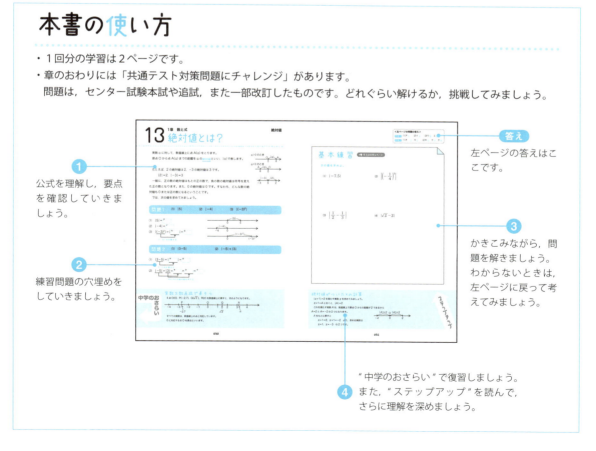

❶ 公式を理解し，要点を確認していきましょう。

❷ 練習問題の穴埋めをしていきましょう。

❸ かきこみながら，問題を解きましょう。わからないときは，左ページに戻って考えてみましょう。

❹ "中学のおさらい"で復習しましょう。また，"ステップアップ"を読んで，さらに理解を深めましょう。

答え　左ページの答えはここです。

01 整式を整理しよう

1章 数と式

整式の整理

単項式と多項式を合わせたものを整式といいます。

また，整式の同類項（文字の部分が同じ項）をまとめることを整式を整理するといいます。

$$2x+3-5x$$
→ 同類項をまとめる
$$(2-5)x+3$$
$$-3x+3$$

問題1 整式 $3x^2+2x-4x+5-2x^2$ を整理しましょう。

$$3x^2+2x-4x+5-2x^2$$

x^2 の項　　x の項　　定数項

同類項をまとめる

$$=(3-\boxed{})x^2+(2-\boxed{})x+5$$

$$=x^2-\boxed{}x+5$$

このように，同類項をまとめ，項を1つの文字について次数（文字の個数）の高い方から順に並べることを，降べきの順に整理するといいます。

問題2 整式 $x^2-3x+2x^2+ax+1$ を x について降べきの順に整理しましょう。

文字 x に着目して整式を考え，文字 a を定数として扱います。

$$x^2-3x+2x^2+ax+1$$

x^2 の項　　x の項　定数項

同類項をまとめる

$$=(\boxed{}+2)x^2+(a-\boxed{})x+1$$

$$=\boxed{}x^2+(\boxed{})x+1$$ ← x^2 の項，x の項，定数項の順に並べる

中学のおさらい

単項式と多項式

$3x$，$-2x^2$ のように，数や文字の積として表される式を単項式，単項式の和として表される式を多項式といい，その1つ1つの単項式を多項式の項といいます。また，文字の部分が同じ項を同類項といいます。

単項式
$7a$, ab, a^2

多項式

$3a-2b$, $5a^2-2a+3$
項

同類項

同類項
$$2xy+3x-5xy-x$$
同類項

<左ページの問題の答え>
問題1 ア2 イ4 ウ2
問題2 エ1 オ3 カ3 キa-3

基本練習 → 答えは別冊2ページ

次の整式を降べきの順に整理せよ。

$$2x^2+5x-2-3x^2-7x$$

次の整式を x について降べきの順に整理せよ。
また，x について何次式かを答えよ。また，その場合の定数項を答えよ。

$$x^2+3xy+2y^2+x+3y-2$$

同類項をまとめてみよう

例 $2x^2y-5xy^2-x^2y+3xy^2$ (同類項)

$= (2-1)x^2y+(-5+3)xy^2$
$= x^2y-2xy^2$

$x^2y = x \times x \times y$ （x が2個）
$xy^2 = x \times y \times y$ （y が2個）

02 整式とその足し算・引き算

1章 数と式　　　　　　　　　　　　　　　　　　　整式の足し算・引き算

整式の足し算や引き算は，同類項をまとめることにより計算できます。

たとえば，$A=4x^2-5x+2$，$B=3x^2+2x-1$ のとき，$A+B$ を計算してみましょう。

$$A+B=(4x^2-5x+2)+(3x^2+2x-1)$$

かっこをはずす

$$=4x^2-5x+2+3x^2+2x-1$$

x^2 の項　　x の項　　定数項　　同類項をまとめる

$$=(4+3)x^2+(-5+2)x+2-1$$

$$=7x^2-3x+1$$

次に，$A-B$ を計算してみましょう。引き算の場合は，かっこをはずすときの符号の変化が必要です。

$$A-B=(4x^2-5x+2)-(3x^2+2x-1)$$

B のかっこをはずすとき符号がかわる

$$=4x^2-5x+2-3x^2-2x+1$$

x^2 の項　　x の項　　定数項　　同類項をまとめる

$$=(4-3)x^2+(-5-2)x+2+1$$

$$=x^2-7x+3$$

問題1 整式 $5x^2-2x+3$ を A，$2x^2+3x-5$ を B とおくとき，次の計算をしましょう。
(1) $A+B$ 　　　　　　　　(2) $A-B$

---

(1) 整式の足し算 $A+B$

$$A+B=(5x^2-2x+3)+(2x^2+3x-5)$$

かっこをはずす

$$=5x^2-2x+3\boxed{}^{ア}2x^2\boxed{}^{イ}3x\boxed{}^{ウ}5$$

同類項をまとめる

$$=\boxed{}^{エ}x^2+x-\boxed{}^{オ}$$

(2) 整式の引き算 $A-B$

$$A-B=(5x^2-2x+3)-(2x^2+3x-5)$$

B のかっこをはずすとき符号がかわる

$$=5x^2-2x+3\boxed{}^{カ}2x^2\boxed{}^{キ}3x\boxed{}^{ク}5$$

同類項をまとめる

$$=\boxed{}^{ケ}x^2-\boxed{}^{コ}x+\boxed{}^{サ}$$

> **＜左ページの問題の答え＞**
> **問題1** (1)ア＋　イ＋　ウ－　エ7　オ2
> 　　　　(2)カ－　キ－　ク＋　ケ3　コ5　サ8

基 本 練 習　　→ 答えは別冊2ページ

整式 $A=4x^2-x+5$，$B=-x^2+3x+2$ について，$A-B$，$A+2B$ を求めよ。

$A-B$

$A+2B$

整式の足し算・引き算で計算を工夫しよう

整式の足し算・引き算は，同類項を縦にそろえて筆算の形で計算できます。次の計算をしてみましょう。

例　足し算　$(3x-5y+2)+(x+2y-1)$　　引き算　$(5a-3b+4)-(2a-b-3)$

同類項

$$\begin{array}{r} 3x-5y+2 \\ +)x+2y-1 \\ \hline 4x-3y+1 \end{array}$$

$$\begin{array}{r} 5a-3b+4 \\ -)2a-b-3 \\ \hline 3a-2b+7 \end{array} \Rightarrow \begin{array}{r} 5a-3b+4 \\ +)-2a+b+3 \\ \hline 3a-2b+7 \end{array}$$

$-3b-(-b)$　　$4-(-3)$

符号を＋にかえて，
引く式の符号を逆にすると
簡単になる場合もある

ステップアップ

009

03 単項式のかけ算

1章　数と式　　　　　　　　　　　　　　　　　　　　指数法則

一般に，m，n を正の整数とするとき，右の指数法則が成り立ちます。
次の計算をしてみましょう。

> **指数法則**
>
> [1] $a^m \times a^n = a^{m+n}$
>
> [2] $(a^m)^n = a^{mn}$
>
> [3] $(ab)^n = a^n b^n$

問題1　　(1) $a^2 \times a^5$　　　　(2) $(a^5)^2$　　　　(3) $(ab)^3$

(1) $a^2 \times a^5 = $ 〔ア〕　　$\leftarrow (a \times a) \times (a \times a \times a \times a \times a)$
　　　　$2+5$　　　　　　　　　　a が2個　　　a が5個

(2) $(a^5)^2 = a^5 \times a^5 = $ 〔イ〕　　$\leftarrow (a \times a \times a \times a \times a) \times (a \times a \times a \times a \times a)$
　　　　　5×2　　　　　　　　　　　　　a が5個　　　　　　a が5個

(3) $(ab)^3 = (a \times b) \times (a \times b) \times (a \times b) = $ 〔ウ〕　　$\leftarrow (a \times a \times a) \times (b \times b \times b)$
　　　　　　　　　　　　　　　　　　　　　　　　　　　a が3個　　　b が3個

次に，2つ以上の文字を含む単項式のかけ算をしてみましょう。

問題2　　(1) $(-2xy^2)^3$　　　　(2) $(-ab^3)^2 \times 3ab^2$

単項式の乗法は，係数，文字の部分の積をそれぞれ計算します。

(1) $(-2xy^2)^3 = (-2)^3 \times x^3 \times (y^2)^3 = $ 〔エ〕

(2) $(-ab^3)^2 \times 3ab^2 = (-1)^2 \times a^2 \times (b^3)^2 \times 3 \times a \times b^2$

$= (1 \times 3) \times (a^2 \times a) \times ($ 〔オ〕 $\times b^2)$

$= $ 〔カ〕

中学のおさらい

単項式のかけ算　その1

単項式どうしのかけ算は，係数どうし，文字どうしをそれぞれかけます。

例　$(-5a) \times 4a = -5 \times 4 \times a \times a = -20a^2$
　　　　　　　　係数の積　　　　　　文字の積

$(-5x)^2 = (-5x) \times (-5x)$

$= (-5) \times (-5) \times x \times x$

$= 25x^2$

<左ページの問題の答え>
問題1 (1)ア a^7　(2)イ a^{10}　(3)ウ a^3b^3
問題2 (1)エ $-8x^3y^6$　(2)オ b^6　カ $3a^3b^8$

基本練習 → 答えは別冊2ページ

次の計算をせよ。

(1) $a^7 \times a$

(2) $(a^4)^5$

(3) $(a^2b^3)^5$

(4) $(-2x^2) \times 5xy$

(5) $(-5x^3y^2)^2$

(6) $(-2x^2y)^3 \times 3xy^2$

単項式のかけ算 その2

3つの単項式のかけ算も，同じように計算します。

例　$3a \times 2ab \times 4b = 3 \times 2 \times 4 \times a \times a \times b \times b$
$\qquad = 24a^2b^2$
$-2xy \times 5y \times 7x = (-2) \times 5 \times 7 \times x \times x \times y \times y$
$\qquad = -70x^2y^2$

04 整式の展開

1章　数と式

式の展開

単項式×多項式の計算では，分配法則を使って，次のように計算します。

分配法則

$$a(b+c)=ab+ac$$

$$2x(x^2+4x-3)=2x\times x^2+2x\times 4x+2x\times(-3)=2x^3+8x^2-6x$$

多項式×多項式の計算も同じように計算します。

$$(x+1)(2x^2+3x+2)=2x^3+3x^2+2x+2x^2+3x+2$$

x^2 の項　　x の項

$$=2x^3+5x^2+5x+2$$

次の式を展開してみましょう。

問題1

(1) $(x+2)(2x^2-x+5)$　　　(2) $(2x-1)(3x^2-2x+4)$

分配法則

(1) $(x+2)(2x^2-x+5)$

$$=x(2x^2-x+5)+2(2x^2-x+5)$$
$$=2x^3-x^2+5x+4x^2-2x+10$$
$$=2x^3+\boxed{}^{ア}x^2+\boxed{}^{イ}x+10$$

分配法則

(2) $(2x-1)(3x^2-2x+4)$

$$=2x(3x^2-2x+4)-(3x^2-2x+4)$$
$$=6x^3-4x^2+8x-3x^2+2x-4$$
$$=6x^3-\boxed{}^{ウ}x^2+\boxed{}^{エ}x-4$$

中学のおさらい

分配法則を使った展開

単項式×多項式，または多項式×多項式を分配法則を使って，単項式の和の形にすることを<u>展開する</u>といいましたね。

例　$(a+b)(2a-3b)=2a^2-3ab+2ab-3b^2$
$$=2a^2-ab-3b^2$$

同類項をまとめる

012

<左ページの問題の答え>
問題1 (1)ア 3 イ 3 (2)ウ 7 エ 10

基本練習　→ 答えは別冊2ページ

次の式を展開せよ。

(1) $(x+3)(5x^2-3x-2)$

(2) $(3x-4)(x^2+2x-5)$

項が3つあるときの展開

例 $(2x-y)(4x+3y-2)=2x(4x+3y-2)-y(4x+3y-2)$ ← 分配法則を使って展開する

$=8x^2+6xy-4x-4xy-3y^2+2y$ ← 同類項をまとめる

$=8x^2+2xy-4x-3y^2+2y$

05 1章 数と式 乗法公式①
乗法公式を確認しよう

整式の積を展開するときには，乗法公式[1]〜[4]がよく使われます。

乗法公式①

[1] $(a+b)^2=a^2+2ab+b^2$

[2] $(a-b)^2=a^2-2ab+b^2$

[3] $(a+b)(a-b)=a^2-b^2$

[4] $(x+a)(x+b)=x^2+(a+b)x+ab$

では，乗法公式[1]と[2]を使って次の式を展開しましょう。

問題1　(1) $(3a+2b)^2$　　(2) $(4x-3y)^2$

$3a$，$2b$ をひとまとまりとみる

(1) $(3a+2b)^2=(3a)^2+\boxed{}^{ア}\times 3a\times 2b+(\boxed{}^{イ})^2=\boxed{}^{ウ}$

乗法公式[1]を使う

$4x$，$3y$ をひとまとまりとみる

(2) $(4x-3y)^2=(4x)^2-\boxed{}^{エ}\times 4x\times 3y+(\boxed{}^{オ})^2=\boxed{}^{カ}$

乗法公式[2]を使う

次に，乗法公式[3]と[4]を使って次の式を展開しましょう。

問題2　(1) $(2a+7b)(2a-7b)$　　(2) $(2x+3y)(2x+5y)$

$2a$，$7b$ をひとまとまりとみる

(1) $(2a+7b)(2a-7b)=(\boxed{}^{キ})^2-(\boxed{}^{ク})^2=\boxed{}^{ケ}$

乗法公式[3]を使う

$2x$ をひとまとまりとみる

(2) $(2x+3y)(2x+5y)=(\boxed{}^{コ})^2+(3y+5y)\times\boxed{}^{サ}+3y\times 5y=\boxed{}^{シ}$

乗法公式[4]を使う

中学のおさらい

乗法公式①を展開して確認してみよう

[1] $(a+b)^2=a(a+b)+b(a+b)$

$\quad\quad\quad\ =a^2+ab+ab+b^2$

$\quad\quad\quad\ =a^2+2ab+b^2$

[2] $(a-b)^2=a(a-b)-b(a-b)$

$\quad\quad\quad\ =a^2-ab-ab+b^2$

$\quad\quad\quad\ =a^2-2ab+b^2$

<左ページの問題の答え>
問題1 (1)ア 2 イ 2b ウ $9a^2+12ab+4b^2$ (2)エ 2 オ 3y カ $16x^2-24xy+9y^2$
問題2 (1)キ 2a ク 7b ケ $4a^2-49b^2$ (2)コ 2x サ 2x シ $4x^2+16xy+15y^2$

基本練習

→ 答えは別冊3ページ

次の式を展開せよ。

(1) $(-2x+5y)^2$

(2) $(2a-7b)^2$

(3) $(4x-3y)(3y+4x)$

(4) $(3x+5y)(3x-2y)$

[3] $(a+b)(a-b) = a(a-b)+b(a-b)$
$\qquad = a^2-ab+ab-b^2$
$\qquad = a^2-b^2$

[4] $(x+a)(x+b) = x(x+b)+a(x+b)$
$\qquad = x^2+bx+ax+ab$
$\qquad = x^2+(a+b)x+ab$

06 $(ax+b)(cx+d)$ の展開

1章 数と式　　　　　　　　　　　　　　　　乗法公式②

x についての1次式である $ax+b$ と $cx+d$ の積は，次のようになります。

$$(ax+b)(cx+d) = ax(cx+d)+b(cx+d)$$
$$= \underset{①}{acx^2} + \underset{②}{adx} + \underset{③}{bcx} + \underset{④}{bd}$$
$$= acx^2 + (ad+bc)x + bd$$

乗法公式②
[5] $(ax+b)(cx+d)$
$= acx^2+(ad+bc)x+bd$

では，次の式を展開してみましょう。

問題1　(1) $(3x-2)(4x+1)$　　(2) $(2x-3y)(3x+4y)$

(1) $(3x-2)(4x+1) = \underset{①}{3\cdot4x^2} + \underset{②③}{\{3\cdot1+(-2)\cdot4\}x} + \underset{④}{(-2)\cdot1}$
$= \boxed{ア}\,x^2 - \boxed{イ}\,x - 2$

(2) $(2x-3y)(3x+4y) = \underset{①}{2\cdot3x^2} + \underset{②③}{\{2\cdot4y+(-3y)\cdot3\}x} + \underset{④}{(-3)\cdot4y^2}$
$= \boxed{ウ}\,x^2 - xy - \boxed{エ}\,y^2$

※ 記号・は×と同様にかけ算を表します。

中学のおさらい

乗法公式[5]を証明してみよう

右の図の長方形の面積を，2通りで表してみましょう。
・縦×横で表すと　$(ax+b)(cx+d)$　← 乗法公式[5]の左辺
・小さな4つの長方形の面積の和とみると
　$acx^2+adx+bcx+bd$
　$= acx^2+(ad+bc)x+bd$　← 乗法公式[5]の右辺
どちらも同じ長方形の面積を表しているので
　$(ax+b)(cx+d) = acx^2+(ad+bc)x+bd$

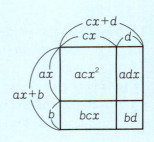

<左ページの問題の答え>
問題1 (1)ア 12　イ 5
　　　(2)ウ 6　エ 12

基本練習　→ 答えは別冊3ページ

次の式を展開せよ。

(1)　$(5x+2)(3x+4)$

(2)　$(2x-1)(5x-3)$

(3)　$(3x+2y)(4x-5y)$

(4)　$(5x-y)(3x-4y)$

乗法公式を利用して計算を簡単にしよう

乗法公式　$(a-b)^2 = a^2 - 2ab + b^2$　$(a+b)(a-b) = a^2 - b^2$　を利用して計算してみましょう。

例　$498^2 = (500-2)^2$
　　　　$= 500^2 - 2 \times 500 \times 2 + 2^2$
　　　　$= 250000 - 2000 + 4 = 248004$
　　$498 \times 502 = (500-2)(500+2)$
　　　　　　　$= 500^2 - 2^2$
　　　　　　　$= 250000 - 4 = 249996$

07 置き換えによる展開

1章 数と式　　　　　　　　　　　　　　　　　　展開の工夫

やや複雑な式の展開をするときは，式の一部を別の文字に置き換えると，展開が簡単になることがあります。

乗法公式が使えるように，置き換えを考えましょう。

たとえば，$(a+b+c)^2$ を展開してみましょう。このとき，$a+b=A$ とおいて計算します。

$$\underset{A}{(\underline{a+b}}+c)^2=(A+c)^2=A^2+2Ac+c^2=(a+b)^2+2(a+b)c+c^2$$

（*A* を *a+b* に戻す）

$$=a^2+2ab+b^2+2ac+2bc+c^2$$
$$=a^2+b^2+c^2+2ab+2bc+2ca$$

問題1　$(a+b-c)^2$ を展開しましょう。

$a+b=A$ とおくと　$\underset{A}{(\underline{a+b}}-c)^2$

$=(A-c)^2$

$=A^2-\boxed{ア}\,c+c^2$　←　乗法公式[2]（→P.14）を使って展開する

$=(\boxed{イ}\,)^2-2(\boxed{ウ}\,)c+c^2$　←　*A* を *a+b* に戻す

$=a^2+2ab+b^2-2ac-2bc+c^2$　←　展開する

$=a^2+b^2+c^2+2ab-2bc-2ca$　←　*ab*, *bc*, *ca* の順に並べる

問題2　$(x-y+z)(x-y-z)$ を展開しましょう。

$x-y=B$ とおくと　$\underset{B}{(\underline{x-y}}+z)\underset{B}{(\underline{x-y}}-z)$

$=(B+z)(B-z)$

$=\boxed{エ}^2-\boxed{オ}^2$　←　乗法公式[3]（→P.14）を使って展開する

$=(\boxed{カ}\,)^2-z^2$　←　*B* を *x-y* に戻す

$=x^2-2xy+y^2-z^2$　←　展開する

※　$x^2+y^2-z^2-2xy$ と答えても正解です。

<左ページの問題の答え>
問題1 ア $2A$　イ $a+b$　ウ $a+b$
問題2 エ B　オ z　カ $x-y$

基本練習　→ 答えは別冊3ページ

次の式を展開せよ。

(1) $(a+b+2c)^2$

(2) $(a+2b-c)^2$

(3) $(x+2y-3)(x-2y+3)$

(4) $(x^2+2x+3)(x^2-2x+3)$

複雑な展開

かっこをはずす前に，計算をする順序を考えてみましょう。

$(x+y)^2(x-y)^2 = \{(x+y)(x-y)\}^2$

指数法則[3]　$(ab)^n = a^n b^n$ (→P.10)

$= (x^2-y^2)^2$
$= x^4 - 2x^2 y^2 + y^4$

乗法公式[2]　$(a-b)^2 = a^2 - 2ab + b^2$ (→P.14)

※　そのままかっこをはずすと，計算が複雑になる。

$(x+y)^2(x-y)^2$
$= (x^2+2xy+y^2)(x^2-2xy+y^2)$
$= x^4 - 2x^3 y + x^2 y^2 + 2x^3 y - 4x^2 y^2$
　　$+ 2xy^3 + x^2 y^2 - 2xy^3 + y^4$
$= x^4 - 2x^2 y^2 + y^4$

ステップアップ

08 1章 数と式
共通因数をくくり出そう

共通な因数

整式の各項に共通な因数があるとき，その共通因数をくくり出して，次のように整式を因数分解することができましたね。

$$ax+ay+az=a(x+y+z)$$

共通因数　　a をくくり出す

$$AB+AC=A(B+C)$$
因数分解 / 展開

では，次の式を因数分解してみましょう。

問題1　(1) $xy-xz$　　(2) $a^2+ab-5a$

共通因数　　　共通因数をくくり出す

(1) $xy-xz=\boxed{}\times y-\boxed{ア}\times z=\boxed{ア}(y-z)$

共通因数　　　　　　共通因数をくくり出す

(2) $a^2+ab-5a=\boxed{}\times a+\boxed{イ}\times b-\boxed{イ}\times 5=\boxed{イ}(a+b-5)$

問題2　(1) $9xy^2-3xyz$　　(2) $15a^3b^2-30a^2b$

共通因数　　　共通因数をくくり出す

(1) $9xy^2-3xyz=\boxed{}\times 3y-\boxed{ウ}\times z=\boxed{ウ}(3y-z)$

共通因数　　　　共通因数をくくり出す

(2) $15a^3b^2-30a^2b=\boxed{}\times ab-\boxed{エ}\times 2=\boxed{エ}(ab-2)$

中学のおさらい

共通因数とは？

共通因数は，数の約数と似ています。たとえば，6と8の最大公約数を探すとき，それぞれを素因数分解します。

　　$6=2\times3$, $8=2\times2\times2$

6と8それぞれに共通な素因数は2なので，最大公約数は2です。

また，12と18では

　　$12=2\times2\times3$, $18=2\times3\times3$

となり，共通な素因数は2と3なので，最大公約数は$2\times3=6$となりますね。

整式は共通な文字が見えているので，わかりやすいですね。

<左ページの問題の答え>
問題1 (1)ア x　(2)イ a
問題2 (1)ウ $3xy$　(2)エ $15a^2b$

基本練習

→ 答えは別冊3ページ

次の式を因数分解せよ。

(1) $6ab - 12ac$

(2) $18x^2y + 27xy^2$

(3) $45b^2c^2 - 60bc^3$

(4) $16a^2b + 12ab^2 - 28ab$

共通因数はすべてくくり出そう

下記の式は，因数分解が完成していません。

$4a^2b + 6ab^2 = ab(4a + 6b)$
　　　　　　　共通因数 2 をくくり出していない

$4a^2b + 6ab^2 = 2a(2ab + 3b^2)$
　　　　　　　共通因数 b をくくり出していない

因数分解するときは，数も文字も，すべての共通因数をくくり出します。

$4a^2b + 6ab^2 = 2ab(2a + 3b)$

共通点は赤!!

09 1章 数と式
因数分解の公式①
因数分解の公式の確認

因数分解は展開の逆の操作でしたね。

乗法公式[1]～[4]（→P.14）の左辺と右辺を入れ換えると因数分解の公式になります。

では，因数分解の公式[1]と[2]の確認をしましょう。

因数分解の公式①

[1] $a^2+2ab+b^2=(a+b)^2$

[2] $a^2-2ab+b^2=(a-b)^2$

[3] $a^2-b^2=(a+b)(a-b)$

[4] $x^2+(a+b)x+ab=(x+a)(x+b)$

問題1　　(1) $x^2+8x+16$　　　(2) $x^2-10x+25$

(1) 因数分解の公式[1]を使うため，$a^2+2ab+b^2$ の形に直します。

$$x^2+8x+16=x^2+2\times x\times \boxed{{}^{ア}}+\boxed{{}^{イ}}^2=(x+\boxed{{}^{ウ}})^2$$

(2) 因数分解の公式[2]を使うため，$a^2-2ab+b^2$ の形に直します。

$$x^2-10x+25=x^2-2\times x\times \boxed{{}^{エ}}+\boxed{{}^{オ}}^2=(x-\boxed{{}^{カ}})^2$$

では，因数分解の公式[3]と[4]の確認をしましょう。

問題2　　(1) $4x^2-9$　　　(2) $x^2+2x-15$

(1) 因数分解の公式[3]を使うため，a^2-b^2 の形に直します。

$$4x^2-9=(\boxed{{}^{キ}})^2-\boxed{{}^{ク}}^2=\boxed{{}^{ケ}}$$

(2) 因数分解の公式[4]より，$x^2+2x-15$ を因数分解するためには，和が2，積が-15となる2つの数の組を見つければよいですね。

右の表より，このような2つの数は-3と5だから

$$x^2+2x-15=(x-\boxed{{}^{コ}})(x+\boxed{{}^{サ}})$$

積が-15	1と-15	-1と15	3と-5	-3と5
和が2	×	×	×	○

中学のおさらい

因数分解の公式をおさらいしよう

[1] $a^2+2ab+b^2=a^2+ab+ab+b^2=a(a+b)+b(a+b)=(a+b)(a+b)=(a+b)^2$

[2] $a^2-2ab+b^2=a^2-ab-ab+b^2=a(a-b)-b(a-b)=(a-b)(a-b)=(a-b)^2$

[3] $a^2-b^2=a^2+ab-ab-b^2=a(a+b)-b(a+b)=(a+b)(a-b)$

　　　　　　足して引く

[4] $x^2+(a+b)x+ab=x^2+ax+bx+ab=x(x+a)+b(x+a)=(x+a)(x+b)$

<左ページの問題の答え>
問題1 (1)ア 4 イ 4 ウ 4 (2)エ 5 オ 5 カ 5
問題2 (1)キ $2x$ ク 3 ケ $(2x+3)(2x-3)$ (2)コ 3 サ 5

基本練習 → 答えは別冊4ページ

次の式を因数分解せよ。

(1) $4x^2+12x+9$

(2) $a^2-\dfrac{2}{3}a+\dfrac{1}{9}$

(3) $a^2-ab+\dfrac{1}{4}b^2$

(4) $x^2-3xy-4y^2$

因数分解のコツ

$x^2+(a+b)x+ab$ の因数分解では，まず積 ab の符号に着目しましょう。

　積 ab の符号が正ならば　a と b は同符号で　$a>0$, $b>0$ または $a<0$, $b<0$

　積 ab の符号が負ならば　a と b は異符号で　$a>0$, $b<0$ または $a<0$, $b>0$

ステップアップ

10　$acx^2+(ad+bc)x+bd$ の因数分解

1章　数と式

因数分解の公式②

右の式は P.16 で学習した乗法公式[5]です。
この式を，展開とは逆方向に見ると，因数分解になりますね。

これより，$acx^2+(ad+bc)x+bd$ の因数分解の公式は，右のようになります。

では，次の問題をやってみましょう。

$$(ax+b)(cx+d) \xrightarrow{展開} acx^2+(ad+bc)x+bd$$
$$\xleftarrow{因数分解}$$

因数分解の公式②

[5]　$acx^2+(ad+bc)x+bd=(ax+b)(cx+d)$

問題1　$2x^2+7x+3$ を因数分解しましょう。

$2x^2+7x+3$ を因数分解するために
因数分解の公式[5]　$acx^2+(ad+bc)x+bd=(ax+b)(cx+d)$ を使います。
問題の式と公式[5]の左辺を比べると

$ac=$ ア　…①
$ad+bc=$ イ　…②
$bd=$ ウ　…③

①，②，③を満たす a, b, c, d を探していきましょう。

このとき，右のようなたすきがけをすると，簡単に見つけることができます。

まず，①より $a=1$, $c=2$ とします。
次に③より $b=1$, $d=3$
　　　　　または $b=3$, $d=1$ を考えます。
「たすきがけ」をして，②を満たす組を探します。

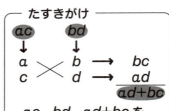

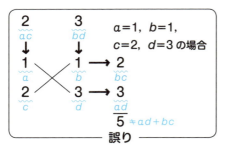

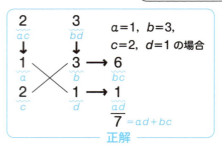

$a=1$, $b=3$, $c=2$, $d=1$ とすれば条件①，②，③を満たします。
したがって
　　$2x^2+7x+3=(x+$ エ $)($ オ $x+1)$

<左ページの問題の答え>
問題1 ア2 イ7 ウ3 エ3 オ2

基本練習 → 答えは別冊4ページ

次の式を因数分解せよ。

(1) $3x^2+7x+4$

(2) $2x^2-x-6$

(3) $3x^2+4xy-4y^2$

(4) $2x^2-7xy+6y^2$

たすきがけって，何をやっているの？

$2x^2+7x+3$ を因数分解できたとすると，$(2x+○)(x+△)$ の形になります。
この式を展開すると，$2x^2+(○+2△)x+○×△$ になるので
$$\left.\begin{array}{l}○+2△=7\\○×△=3\end{array}\right\}$$
を満たす○と△を求めるのです。

ステップアップ

11 置き換えによる因数分解

1章 数と式

因数分解の工夫

整式の一部を別の文字で置き換えて

ⅰ）共通因数でくくる　　ⅱ）公式を利用する

ことで因数分解をしてみましょう。

$$\underline{(x+y)}+5\underline{(x+y)}$$

共通部分を A とおく

$$=A+5A$$
$$=6A$$
$$=6(x+y)$$

A を $x+y$ に戻す

問題1　　(1) $x(x+y)+3y(x+y)$　　(2) $ab-a+b-1$

(1) $x+y=A$ とおくと　$x\underline{(x+y)}+3y\underline{(x+y)}=xA+3yA$

$$=A(x+\boxed{ア})$$

A をくくり出す

$$=\boxed{イ}$$

A を $x+y$ に戻す

(2) $ab-a+b-1=a(b-1)+b-1$

共通因数 a で
くくる

ここで，$b-1=B$ とおくと　$a\underline{(b-1)}+\underline{b-1}=aB+B$

$$=B(a+\boxed{ウ})$$

B をくくり出す

$$=\boxed{エ}$$

B を $b-1$ に戻す

問題2　　(1) $(x+y)^2+2(x+y)-15$　　(2) $(a+3)^2+4(a+3)+4$

(1) $x+y=A$ とおくと　$\underline{(x+y)}^2+2\underline{(x+y)}-15=A^2+2A-15$

$$=(A+\boxed{オ})(A-\boxed{カ})$$

因数分解の公式 [4]
を使う（→P.22）

$$=\boxed{キ}$$

A を $x+y$ に戻す

(2) $a+3=B$ とおくと　$\underline{(a+3)}^2+4\underline{(a+3)}+4=B^2+4B+4$

$$=(B+\boxed{ク})^2$$

因数分解の公式 [1]
を使う（→P.22）

$$=(a+3+\boxed{ケ})^2$$

B を $a+3$ に戻す

$$=(a+\boxed{コ})^2$$

かっこの中を計算する

いろいろな因数分解

因数分解の公式 [3] を使って，$(a+b)^2-c^2$ を因数分解することができます。

$a+b=A$ とおくと

$$(a+b)^2-c^2=A^2-c^2$$
$$=(A+c)(A-c)$$
$$=(a+b+c)(a+b-c)$$

因数分解の公式 [3]
を使う（→P.22）

もとに戻す

ステップアップ

026

<左ページの問題の答え>
問題1 (1)ア $3y$　イ $(x+y)(x+3y)$　(2)ウ 1　エ $(a+1)(b-1)$
問題2 (1)オ 5　カ 3　キ $(x+y+5)(x+y-3)$　(2)ク 2　ケ 2　コ 5

基本練習　→ 答えは別冊4ページ

次の式を因数分解せよ。

(1) $a(2x-y)-3(2x-y)$

(2) $ax-ay-x+y$

(3) $(x+2y)^2+3(x+2y)-10$

(4) $(y-2)^2-6(y-2)+9$

複2次式の因数分解

x^4, x^2, 定数項の3つの項からできている式を複2次式といいます。
複2次式 x^4+2x^2-24 を因数分解してみましょう。x^2 を A とおくと
$$x^4+2x^2-24=A^2+2A-24=(A+6)(A-4)=(x^2+6)(x^2-4)$$
ここで終わると出題者の思うツボです。ちゃんと最後まで因数分解しましょう。
$$(x^2+6)(x^2-4)=(x^2+6)(x+2)(x-2)$$
が答えです。

12 実数の分類

1章 数と式　　実数

$\dfrac{1}{3}$や$\dfrac{11}{7}$のように，整数mと0でない整数nを使って$\dfrac{m}{n}$の形に表すことのできる数を<u>有理数</u>といいましたね。また，整数5は$\dfrac{5}{1}$と表すことができるから有理数です。整数でない有理数は，次のように分類されます。

<u>有限小数</u>…$\dfrac{1}{2}=0.5$，$\dfrac{3}{8}=0.375$ のように小数第何位かで終わる小数

<u>循環小数</u>…$\dfrac{2}{3}=0.6666\cdots$，$\dfrac{8}{11}=0.727272\cdots$のように限りなく続く小数

循環小数は，循環する部分の上に・をつけて，次のように表します。

例　$\dfrac{2}{3}=0.6666\cdots=0.\dot{6}$，$\dfrac{8}{11}=0.727272\cdots=0.\dot{7}\dot{2}$

では，次の分数を小数に直し，上の例のように表してみましょう。

問題1　(1) $\dfrac{5}{6}$　　(2) $\dfrac{3}{22}$

(1) まず，右のような割り算を行うと，同じ余りが出てくるので，商には同じ数字の並びがくり返されます。

したがって　$\dfrac{5}{6}=$ ［ア　　　　］

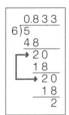

(2) (1)と同様にして右のような割り算を行うと，商には同じ数字の並びがくり返されます。

したがって

$\dfrac{3}{22}=$ ［イ　　　　］

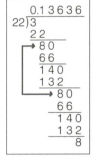

$\sqrt{2}$や円周率πなどは，分数で表すことができません。これらを小数で表すと，循環しない無限小数の形になります。このような数を<u>無理数</u>といい，有理数と無理数を合わせて<u>実数</u>といいます。

実数の分類

実数を分類すると，次のようになります。

実数 ─┬─ 有理数（分数で表せる数）─┬─ 整数 ─┬─ 正の整数（自然数）
　　　│　　　　　　　　　　　　　　│　　　├─ 0
　　　│　　　　　　　　　　　　　　│　　　└─ 負の整数
　　　│　　　　　　　　　　　　　　├─ 有限小数
　　　│　　　　　　　　　　　　　　└─ 循環小数
　　　└─ 無理数（分数では表せない数，循環しない無限小数）

ステップアップ

> **＜左ページの問題の答え＞**
> **問題1** (1)ア $0.8\dot{3}$ (2)イ $0.1\dot{3}\dot{6}$

基本練習　→ 答えは別冊4ページ

次の分数を循環小数の記号・を用いて表せ。

(1) $\dfrac{4}{9}$

(2) $\dfrac{10}{3}$

(3) $\dfrac{3}{11}$

(4) $\dfrac{12}{37}$

循環小数を分数に直す方法

$0.\dot{5}$ と $0.\dot{3}\dot{6}$ を分数にしてみましょう。$0.\dot{5}$ の場合，$A=0.5555\cdots$ とおいて，両辺を10倍すると ←ここがポイント

$10A=5.5555\cdots$　　右の式より　$10A-A=5$

よって　$9A=5$　　$A=\dfrac{5}{9}$ より　$0.\dot{5}=\dfrac{5}{9}$

同じように $0.\dot{3}\dot{6}$ の場合，$B=0.3636\cdots$ とおいて，両辺を100倍すると ←ここがポイント

$100B=36.3636\cdots$　　右の式より　$100B-B=36$

よって　$99B=36$　　$B=\dfrac{36}{99}=\dfrac{4}{11}$ より　$0.\dot{3}\dot{6}=\dfrac{4}{11}$

$$\begin{array}{r} 5.5555\cdots \leftarrow 10A \\ -\underline{)\,0.5555\cdots} \leftarrow A \\ 5 \end{array}$$

$$\begin{array}{r} 36.3636\cdots \leftarrow 100B \\ -\underline{)\,0.3636\cdots} \leftarrow B \\ 36 \end{array}$$

ステップアップ

029

13 絶対値とは？

1章 数と式　　　　　　　　　絶対値

実数 a に対して，数直線上に点 $A(a)$ をとります。
原点 O から点 $A(a)$ までの距離を a の**絶対値**といい，$|a|$ で表します。

たとえば，2 の絶対値は 2，−3 の絶対値は 3 です。
　　　$|2|=2,\ |-3|=3$
一般に，正の数の絶対値はもとの正の数で，負の数の絶対値は符号を変えた正の数となります。また，0 の絶対値は 0 です。すなわち，どんな数の絶対値も 0 または正の数になるということです。
では，次の値を求めてみましょう。

問題 1　(1) $|5|$　(2) $|-4|$　(3) $|(-3)^2|$

(1) $|5|=$ ア
(2) $|-4|=$ イ
(3) $|(-3)^2|=|$ ウ $|=$ エ
　　　　$(-3)^2$ を計算する

問題 2　(1) $|3-5|$　(2) $|-5|+|3|$

(1) $|3-5|=|$ オ $|=$ カ
　　　　$3-5$ を計算する
(2) $|-5|+|3|=$ キ $+$ ク $=$ ケ
　　　　それぞれの絶対値を考える

中学のおさらい

実数を数直線で表そう

4 点 $O(0),\ P(-2.7),\ Q(\sqrt{2}),\ R(\pi)$ を数直線上に表すと，次のようになります。

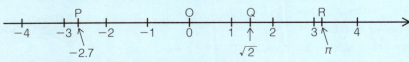

すべての実数は，数直線上の点と対応しています。
0 に対応する点 O を原点といいます。

<左ページの問題の答え>
問題1 (1)ア 5 (2)イ 4 (3)ウ 9 エ 9
問題2 (1)オ −2 カ 2 (2)キ 5 ク 3 ケ 8

基本練習 → 答えは別冊5ページ

次の値を求めよ。

(1) $|-7.5|$

(2) $\left|\left(-\dfrac{1}{4}\right)^2\right|$

(3) $\left|\dfrac{1}{2}-\dfrac{1}{3}\right|$

(4) $|\sqrt{2}-2|$

絶対値がついた x の計算

$|x+1|=2$ を満たす実数 x を求めてみましょう。

$x+1=A$ とおくと，$|A|=2$

これを満たす実数 A は，数直線上で原点 O からの距離が 2 であるから
$A=2$ と $A=−2$ の2つになります。

A をもとに戻すと
　$x+1=2$, $x+1=−2$ より，求める実数は
　$x=1$, $x=−3$ の2つです。

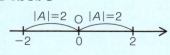

ステップアップ

14 1章 数と式 根号を含む式の計算

平方根

2乗すると a になる数を a の平方根といいましたね。

正の数 a の平方根は，$\sqrt{a}$ と $-\sqrt{a}$ で，0 の平方根は 0 だけですから $\sqrt{0}=0$ とします。

$$4 \xrightarrow{\text{平方根}} \begin{array}{c} 2 \\ -2 \end{array} \xleftarrow{\text{2乗（平方）}}$$

問題1　(1) $\sqrt{75}+2\sqrt{3}$　(2) $\sqrt{\dfrac{3}{4}}+\sqrt{\dfrac{12}{25}}$

(1) $\sqrt{75}+2\sqrt{3}=\sqrt{5^2\times 3}+2\sqrt{3}$

$\quad =\boxed{\text{ア}}\,\sqrt{3}+2\sqrt{3}$

$\quad =(\boxed{\text{イ}}+2)\sqrt{3}$

$\quad =\boxed{\text{ウ}}\,\sqrt{3}$

$\sqrt{\triangle^2}$ の $\triangle$ の部分を $\sqrt{\ }$ の外に出す　$\sqrt{5^2\times 3}=\sqrt{5^2}\times\sqrt{3}=5\sqrt{3}$

$\sqrt{3}$ を同類項のようにまとめる

(2) $\sqrt{\dfrac{3}{4}}+\sqrt{\dfrac{12}{25}}=\sqrt{\dfrac{3}{2^2}}+\sqrt{\dfrac{2^2\times 3}{5^2}}$

$\quad =\dfrac{\sqrt{3}}{\boxed{\text{エ}}}+\dfrac{\boxed{\text{オ}}\,\sqrt{3}}{\boxed{\text{カ}}}$

$\quad =\left(\dfrac{1}{\boxed{\text{キ}}}+\dfrac{\boxed{\text{ク}}}{\boxed{\text{ケ}}}\right)\sqrt{3}$

$\quad =\dfrac{\boxed{\text{コ}}\,\sqrt{3}}{\boxed{\text{サ}}}$

$\sqrt{\triangle^2}$ の $\triangle$ の部分を $\sqrt{\ }$ の外に出す

$\sqrt{\dfrac{3}{2^2}}=\dfrac{\sqrt{3}}{\sqrt{2^2}}=\dfrac{\sqrt{3}}{2}$，$\sqrt{\dfrac{2^2\times 3}{5^2}}=\dfrac{\sqrt{2^2}\times\sqrt{3}}{\sqrt{5^2}}=\dfrac{2\sqrt{3}}{5}$

$\sqrt{3}$ を同類項のようにまとめる

問題2　(1) $\sqrt{15}\times\sqrt{6}$　(2) $(\sqrt{5}+\sqrt{2})(\sqrt{5}-\sqrt{2})$

(1) $\sqrt{15}\times\sqrt{6}=\sqrt{15\times 6}$

$\quad =\sqrt{\boxed{\text{シ}}\times 5\times 2\times\boxed{\text{ス}}}$

$\quad =\sqrt{\boxed{\text{セ}}^2\times 10}$

$\quad =\boxed{\text{ソ}}\,\sqrt{10}$

$\triangle^2$ の形をつくる

$\sqrt{\triangle^2}$ の $\triangle$ の部分を $\sqrt{\ }$ の外に出す

(2) $(\sqrt{5}+\sqrt{2})(\sqrt{5}-\sqrt{2})$

$\quad =(\sqrt{5})^2-(\sqrt{2})^2$

$\quad =\boxed{\text{タ}}-\boxed{\text{チ}}$

$\quad =\boxed{\text{ツ}}$

乗法公式 [3]
$(a+b)(a-b)=a^2-b^2$
を用いる（→P.14）

中学のおさらい

根号がある数の計算

根号のついた数の積や商は次のように計算できましたね。

$a>0$，$b>0$ のとき

[1] $\sqrt{a}\,\sqrt{b}=\sqrt{ab}$

[2] $\dfrac{\sqrt{a}}{\sqrt{b}}=\sqrt{\dfrac{a}{b}}$

とくに [1] から，$m>0$，$a>0$ のとき　$\sqrt{m^2a}=m\sqrt{a}$

<左ページの問題の答え>
問題1 (1)ア5 イ5 ウ7 (2)エ2 オ2 カ5 キ2 ク2 ケ5 コ9 サ10
問題2 (1)シ3 ス3 セ3 ソ3 (2)タ5 チ2 ツ3

基本練習 → 答えは別冊5ページ

次の計算をせよ。

(1) $\sqrt{48} + \sqrt{108}$

(2) $\sqrt{\dfrac{27}{16}} - \sqrt{\dfrac{3}{4}}$

(3) $\sqrt{12} \times \sqrt{24}$

(4) $(\sqrt{3}+2)^2$

平方根の絶対値

実数 a について $\sqrt{a^2}$ の値を考えてみましょう。

$\begin{cases} a>0 \text{のとき} & \sqrt{a^2}=a \quad \leftarrow a \text{ は正の数} \\ a=0 \text{のとき} & \sqrt{a^2}=0 \quad \leftarrow a \text{ は } 0 \\ a<0 \text{のとき} & \sqrt{a^2}=-a \quad \leftarrow -a \text{ は正の数} \end{cases}$

すなわち $\sqrt{a^2}=|a|$ ← どんなときも 0 または正の数

ステップアップ

15 分母に根号を含む式の変形

1章 数と式

分母の有理化

分母に根号を含んだ式の計算をしてみましょう。

$\dfrac{1}{\sqrt{5}}$ は，分母と分子に同じ数 $\sqrt{5}$ をかけると $\dfrac{1}{\sqrt{5}} = \dfrac{1 \times \sqrt{5}}{\sqrt{5} \times \sqrt{5}} = \dfrac{\sqrt{5}}{(\sqrt{5})^2} = \dfrac{\sqrt{5}}{5}$ となります。

このように，分母に根号を含む式を，分母に根号を含まない式に変形することを**分母の有理化**といいます。

では，次の式の分母を有理化してみましょう。

問題1　(1) $\dfrac{10}{\sqrt{5}}$　　(2) $\dfrac{\sqrt{2}}{\sqrt{3}}$

(1) $\dfrac{10}{\sqrt{5}} = \dfrac{10 \times \sqrt{\boxed{\text{ア}}}}{\sqrt{5} \times \sqrt{\boxed{\text{イ}}}} = \dfrac{10\sqrt{\boxed{\text{ウ}}}}{\boxed{\text{エ}}} = \boxed{\text{オ}}\sqrt{\boxed{\text{カ}}}$

分母と分子に同じ数をかける　　　　　約分を忘れずに

(2) $\dfrac{\sqrt{2}}{\sqrt{3}} = \dfrac{\sqrt{2} \times \sqrt{\boxed{\text{キ}}}}{\sqrt{3} \times \sqrt{\boxed{\text{ク}}}} = \dfrac{\sqrt{\boxed{\text{ケ}}}}{\boxed{\text{コ}}}$

分母と分子に同じ数をかける

問題2　$\dfrac{1}{\sqrt{5}+\sqrt{3}}$

分母が平方根の和や差で表されている式は，乗法公式[3]　$(a+b)(a-b)=a^2-b^2$（→ P.14）を利用して分母を有理化します。

$$\dfrac{1}{\sqrt{5}+\sqrt{3}} = \dfrac{\sqrt{\boxed{\text{サ}}} - \sqrt{\boxed{\text{シ}}}}{(\sqrt{5}+\sqrt{3})(\sqrt{\boxed{\text{ス}}} - \sqrt{\boxed{\text{セ}}})} = \dfrac{\sqrt{\boxed{\text{サ}}} - \sqrt{\boxed{\text{シ}}}}{(\sqrt{\boxed{\text{ソ}}})^2 - (\sqrt{\boxed{\text{タ}}})^2} = \dfrac{\sqrt{\boxed{\text{サ}}} - \sqrt{\boxed{\text{シ}}}}{\boxed{\text{チ}}}$$

乗法公式[3] の利用

分母と分子に同じ数をかける

ステップアップ

分母に根号を含む式の足し算

$\dfrac{1}{\sqrt{3}-\sqrt{2}} + \dfrac{1}{\sqrt{3}+\sqrt{2}}$ を計算してみましょう。

分母を有理化するために，乗法公式[3]　$(a+b)(a-b)=a^2-b^2$ を用います。

$$\dfrac{1}{(\sqrt{3}-\sqrt{2})} + \dfrac{1}{\sqrt{3}+\sqrt{2}} = \dfrac{1 \times (\sqrt{3}+\sqrt{2})}{(\sqrt{3}-\sqrt{2})(\sqrt{3}+\sqrt{2})} + \dfrac{1 \times (\sqrt{3}-\sqrt{2})}{(\sqrt{3}+\sqrt{2})(\sqrt{3}-\sqrt{2})}$$

$$= \dfrac{\sqrt{3}+\sqrt{2}}{3-2} + \dfrac{\sqrt{3}-\sqrt{2}}{3-2} = \sqrt{3}+\sqrt{2}+\sqrt{3}-\sqrt{2} = 2\sqrt{3}$$

<左ページの問題の答え>
問題1 (1)ア5 イ5 ウ5 エ5 オ2 カ5　(2)キ3 ク3 ケ6 コ3
問題2 サ5 シ3 ス5 セ3 ソ5 タ3 チ2

基本練習　→ 答えは別冊5ページ

次の式の分母を有理化せよ。

(1) $\dfrac{5}{\sqrt{2}}$

(2) $\dfrac{\sqrt{7}}{\sqrt{3}}$

(3) $\dfrac{6}{\sqrt{24}}$

(4) $\dfrac{3}{\sqrt{5}-\sqrt{2}}$

平方根のおよその値の計算

$\sqrt{3}=1.732$ とするとき，$\sqrt{300}$ のおよその値は
　$\sqrt{300}=\sqrt{10^2 \times 3}=10\sqrt{3}=10 \times 1.732=17.32$　となります。

$\sqrt{2}=1.414$ とするとき，$\dfrac{1}{\sqrt{2}}$ のおよその値は
　$\dfrac{1}{\sqrt{2}}=\dfrac{1 \times \sqrt{2}}{\sqrt{2} \times \sqrt{2}}=\dfrac{\sqrt{2}}{2}=1.414 \div 2=0.707$　となります。
　　　　分母の有理化

※ 分母を有理化しないで代入すると $\dfrac{1}{1.414}$ となり，割り算の計算が大変です。

16 不等式の性質

1章 数と式

不等式

不等式に関して，次の性質が成り立ちます。

① 不等式の両辺に同じ数を加えたり，両辺から同じ数を引いたりしても不等号の向きはかわらない。

② 不等式の両辺に同じ正の数をかけたり，両辺を同じ正の数で割ったりしても不等号の向きはかわらない。

③ 不等式の両辺に同じ負の数をかけたり，両辺を同じ負の数で割ったりするときは不等号の向きが逆になる。

では，次の □ の中にあてはまる不等号を入れてみましょう。

不等式の性質

① $a<b$ ならば
$$a+c<b+c, \quad a-c<b-c$$

② $c>0$ のとき $a<b$ ならば
$$ac<bc, \quad \frac{a}{c}<\frac{b}{c}$$

③ $c<0$ のとき $a<b$ ならば
$$ac>bc, \quad \frac{a}{c}>\frac{b}{c}$$

不等号の向きがかわる

問題1 $a<b$ のとき (1) $a+3 \boxed{} b+3$ (2) $a-\frac{1}{2} \boxed{} b-\frac{1}{2}$

(1) $a<b$ のとき，両辺に同じ数 3 を加えると
$$a+3 \boxed{^ア} b+3$$

(2) $a<b$ のとき，両辺から同じ数 $\frac{1}{2}$ を引くと
$$a-\frac{1}{2} \boxed{^イ} b-\frac{1}{2}$$

問題2 $c<d$ のとき (1) $\frac{2}{3}c \boxed{} \frac{2}{3}d$ (2) $-\frac{c}{2} \boxed{} -\frac{d}{2}$

(1) $c<d$ のとき，両辺に同じ正の数 $\frac{2}{3}$ をかけると
$$\frac{2}{3}c \boxed{^ウ} \frac{2}{3}d$$

(2) $c<d$ のとき，両辺を同じ負の数 -2 で割ると
$$\frac{c}{-2} \boxed{^エ} \frac{d}{-2}$$

したがって $-\frac{c}{2} \boxed{^オ} -\frac{d}{2}$

<左ページの問題の答え>
問題1 (1)ア< (2)イ<
問題2 (1)ウ< (2)エ> オ>

基本練習 → 答えは別冊5ページ

$a < b$ のとき，次の □ の中にあてはまる不等号を入れよ。

(1) $a - \dfrac{1}{4}\ \square\ b - \dfrac{1}{4}$

(2) $\dfrac{5}{9}a\ \square\ \dfrac{5}{9}b$

(3) $-2a\ \square\ -2b$

(4) $-\dfrac{a}{3}\ \square\ -\dfrac{b}{3}$

数量の大小関係を表す式

不等号 $>$，$<$，$\geqq$，$\leqq$ を使って，数量の大小関係を表した式を不等式といいましたね。
等式と同じように，不等号の左側の部分を左辺，右側の部分を右辺といい，両方合わせて両辺といいます。

中学のおさらい

17　1次不等式を解こう

1章　数と式　　1次不等式

$x+2>3$ や $4x+5\leqq0$ のような1次式で表された不等式を **1次不等式** といいます。
また，x についての不等式を満たす x の値の範囲を **不等式の解** といい，解を求めることを **不等式を解く** といいます。不等式においても等式の場合と同様に **移項** することができます。
では，次の不等式を解いてみましょう。

問題1　(1) $3x+1>4$　　(2) $5x-3<8x+12$

(1) $3x+1>4$
$3x>4-$ ア
$3x>$ イ
$x>$ ウ

　左辺の1を右辺に移項する
　整理する
　両辺を3で割る

(2) $5x-3<8x+12$
$5x-$ エ $x<12+$ オ
$-$ カ $x<$ キ
$x>-$ ク

　-3 を右辺に，$8x$ を左辺に移項する
　整理する
　両辺を -3 で割る
　不等号の向きが逆になることに注意

問題2　(1) $3(x+1)<x-9$　　(2) $\dfrac{x}{2}-\dfrac{2x+1}{3}\leqq1$

(1) $3(x+1)<x-9$
$3x+$ ケ $<x-9$
$3x-x<-9-$ コ
$2x<-$ サ
$x<-$ シ

　左辺のかっこをはずす
　移項する
　整理する
　両辺を2で割る

(2) $\dfrac{x}{2}-\dfrac{2x+1}{3}\leqq1$
$6\times\dfrac{x}{2}-6\times\dfrac{2x+1}{3}\leqq6\times1$
$3x-2(2x+1)\leqq6$
$3x-$ ス $x-$ セ $\leqq6$
$3x-$ ソ $x\leqq6+$ タ
$-x\leqq$ チ
$x\geqq-$ ツ

　両辺に6をかける
　左辺を約分する
　かっこをはずす
　移項する
　整理する
　両辺を -1 で割る
　不等号の向きが逆になることに注意

ステップアップ　1次不等式の解法の手順を確認しよう

① x を含む項を左辺に，定数項を右辺に移項する。
② 両辺をそれぞれ整理して
　　$ax>b$，$ax<b$，$ax\geqq b$，$ax\leqq b$
　のうちいずれかの形にする。
③ 両辺を x の係数で割って，x の値の範囲を求める。
　a が正の数のときは，不等号の向きはかわらない。
　a が負の数のときは，不等号の向きが逆になる。

例
$3x+4>5x-2$
$3x-5x>-2-4$
$-2x>-6$
$x<3$

　4と $5x$ をそれぞれ移項する
　整理する
　-2 で割る

<左ページの問題の答え>
問題1 (1)ア1 イ3 ウ1 (2)エ8 オ3 カ3 キ15 ク5
問題2 (1)ケ3 コ3 サ12 シ6 (2)ス4 セ2 ソ4 タ2 チ8 ツ8

基本練習　→ 答えは別冊6ページ

次の不等式を解け。

(1) $4x-3<9$

(2) $4x-6 \geqq 5x-8$

(3) $3x+1 \leqq 5(x-3)$

(4) $\dfrac{x-2}{3} > 4-x$

不等式を数直線で表そう

問題1 (1) $3x+1>4$ の解，$x>1$ を数直線で表すと，右図のようになります。

　数直線上では，その数を含まない場合，白丸で表し，斜めに直線を引きます。

　その数を含む場合は，黒丸で表し，直角に線を引きます。

$x>1$

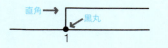
$x \geqq 1$

ステップアップ

18 連立不等式を解こう

1章 数と式　　　　　　　連立不等式の解法

2つ以上の不等式を組合せたものを**連立不等式**といいます。

また、それらの不等式を同時に満たす x の値の範囲を、その**連立不等式の解**といいます。

たとえば、2つの不等式 $x>1$ と $x\leqq 3$ を同時に満たす x の値の範囲は $1<x\leqq 3$ です。

では、次の連立不等式を解いてみましょう。

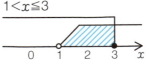

○は、1が含まれないことを表している。　●は、3が含まれることを表している。

問題1

(1) $\begin{cases} 2x-1>5 & \cdots ① \\ 5x-3\leqq 3x+9 & \cdots ② \end{cases}$

(2) $\begin{cases} 2x-5\leqq 3x-2 & \cdots ① \\ 5x+6>2x-9 & \cdots ② \end{cases}$

(1)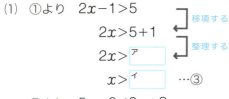

②より　$5x-3\leqq 3x+9$
　　　　$5x-3x\leqq 9+3$
　　　　$\boxed{ウ}\ x\leqq \boxed{エ}$
　　　　$x\leqq \boxed{オ}$　…④

③, ④より

$\boxed{カ} < x \leqq \boxed{キ}$　← ③, ④を同時に満たす x の値の範囲

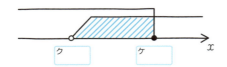

(2)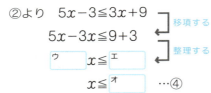

②より　$5x+6>2x-9$
　　　　$5x-2x>-9-6$
　　　　$\boxed{シ}\ x>-15$
　　　　$x>-\boxed{ス}$　…④

③, ④より

$x\geqq -\boxed{セ}$　← ③, ④を同時に満たす x の値の範囲

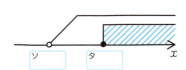

040

<左ページの問題の答え>
問題1 (1)ア6 イ3 ウ2 エ12 オ6 カ3 キ6 ク3 ケ6
(2)コ3 サ3 シ3 ス5 セ3 ソ-5 タ-3

基本練習 →答えは別冊6ページ

次の連立不等式を解け。

(1) $\begin{cases} 8-2x > x-7 \\ 3x > 2(5-x) \end{cases}$

(2) $\begin{cases} x-2 \leqq 4x-5 \\ 2x-5 \geqq -x+4 \end{cases}$

不等式を解いてみよう

例 $9x > -27$ 　両辺を9で割る
$x > -3$

$6-3x \leqq -5$ 　移項する
$-3x \leqq -11$ 　両辺を-3で割る
$x \geqq \dfrac{11}{3}$ 　不等号の向きに注意

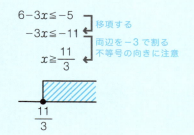

ステップアップ

19 集合の表し方と包含関係

1章 数と式　　集合の表し方

「5以下の自然数」は「1, 2, 3, 4, 5」ですが，このように，ある条件を満たすものの集まりを**集合**といい，集合をつくっている1つ1つのものを，その集合の**要素**といいます。

集合Aの表し方は2つあります。

たとえば，10の正の約数全体の集合Aを表すとき，

　　$A=\{1, 2, 5, 10\}$ のように「**要素をかき並べる方法**」と

　　$A=\{x|x$は10の正の約数$\}$ のように「**要素が満たす条件をかく方法**」があります。

集合Aのすべての要素が，集合Bの要素になっているとき，AはBの**部分集合**であるといい，$A \subset B$ または $B \supset A$ で表します。また，2つの集合A, Bの要素がすべて一致するとき，AとBは**等しい**といい，$A=B$で表します。

　$B \supset A$　AはBの部分集合
　　　　　　　AはBに含まれる

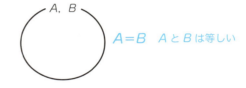　$A=B$　AとBは等しい

※ このような図をベン図といいます。

問題1　10以下の素数全体の集合を「要素をかき並べる方法」で表してみましょう。

1は素数ではないことに注意します。小さい順に要素をかき並べると $\{$ ア 　, 3, 5, イ 　$\}$

問題2　次の集合A, Bに成り立つ関係を，記号$\subset$を用いて表しましょう。
　　　　$A=\{x|x$は6の正の約数$\}$, $B=\{x|x$は12の正の約数$\}$

要素をかき並べる方法で表すと，$A=\{1, 2,$ ウ 　$, 6\}$, $B=\{1, 2, 3,$ エ 　$, 6, 12\}$ であるから， オ 　は カ 　の部分集合である。

したがって

　　キ 　$\subset$ ク 　

042

<左ページの問題の答え>
問題1 ア2 イ7
問題2 ウ3 エ4 オA カB キA クB

基本練習 → 答えは別冊6ページ

5つの集合 $A=\{1, 2, 3\}$, $B=\{4, 5, 6\}$, $C=\{1, 2, 3, 4, 6, 12\}$
$D=\{x \mid x は18の正の約数\}$, $E=\{x \mid x は24の正の約数\}$ がある。
このうち, $P=\{1, 2, 3, 4, 6, 8, 12, 24\}$ の部分集合であるものを選べ。

集合と要素

5以下の自然数全体の集合を A とすると
3は集合 A の要素であり, このことを $3 \in A$ または $A \ni 3$ と表します。
また, 6は集合 A の要素でなく, このことを $6 \notin A$ または $A \not\ni 6$ と表します。

20 共通部分と和集合と補集合

1章 数と式　　　　　共通部分と和集合

2つの集合 A, B について，A と B のどちらにも属する要素全体の集合を A と B の共通部分といい，A∩B（∩：キャップ）で表します。

また，A と B の少なくとも一方に属する要素全体の集合を A と B の和集合といい，A∪B（∪：カップ）で表します。

集合を考えるときは，あらかじめ考えているものの全体の集合 U を全体集合といいます。全体集合 U に含まれるが，U の部分集合 A に含まれない要素の集合を A の補集合といい，$\overline{A}$ で表します。

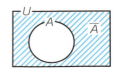

問題1
次の集合 A, B について，A∩B と A∪B を求めましょう。
A={1, 2, 3, 4, 5}, B={2, 4, 6}

集合 A と集合 B を図にすると，右図のようになります。
よって　A∩B={ ア , 4}　← 共通部分
　　　　A∪B={1, 2, イ , 4, 5, 6}　← 和集合

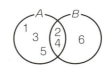

問題2
U={1, 2, 3, 4, 5, 6, 7} を全体集合とするとき，集合 A={1, 3, 5, 7} の補集合 $\overline{A}$ を求めましょう。

集合 U と集合 A を図にすると，右図のようになります。
補集合 $\overline{A}$ とは，全体集合 U に含まれるが，A に含まれない要素の集合のことですね。
よって　$\overline{A}$={2, 4, ウ }　← 集合 A に含まれない要素

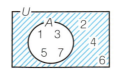

<左ページの問題の答え>
問題1 ア 2 イ 3
問題2 ウ 6

基本練習 → 答えは別冊6ページ

次の集合 A, B について，$A \cap B$ と $A \cup B$ を求めよ。

(1) $A = \{5, 6, 8, 10\}$, $B = \{2, 4, 6, 8, 10\}$

(2) $A = \{x \mid x は 12 の正の約数\}$, $B = \{x \mid x は 18 の正の約数\}$

空集合とは？

たとえば2つの集合 $A = \{2, 4\}$, $B = \{1, 3, 5\}$ には，共通の要素はないので，$A \cap B$ は要素をもちません。このように，要素をもたないときも集合と考えて，これらを空集合といい，記号 ϕ で表します。この記号を使うと，$A \cap B = \phi$ となります。

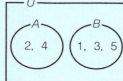

$A \cap B = \phi$
共通部分はない

ステップアップ

21 命題「$p \Rightarrow q$」の真偽を調べよう

1章　数と式

命題の真偽

正しいか正しくないかが定まる文や式のことを命題といいます。

命題が正しいとき，その命題は真であるといい，正しくないときは偽であるといいます。

たとえば，「三角形の内角の和は180°である」→真

「すべての素数は奇数である」→偽　　（反例：2は素数であるが奇数ではない）

「2は素数であるが奇数ではない」のような反例を1つでもあげられたら，その命題は偽であると示されたことになります。

また，命題「p ならば q である」は，$\Longrightarrow$（「ならば」を表す記号）を使って

「$p \Longrightarrow q$」

とも表します。

p をこの命題の仮定，q をこの命題の結論といいます。

問題1 命題「$x \geq 2$ ならば $x > 0$ である」の真偽を調べてみましょう。

この命題を記号 $\Longrightarrow$ を使って「$x \geq 2 \Longrightarrow x > 0$」と表します。

この命題において，条件 $x \geq 2$ を満たす x の集合と条件 $x > 0$ を満たす x の集合は，右の図の数直線上の集合 P，Q で表されます。

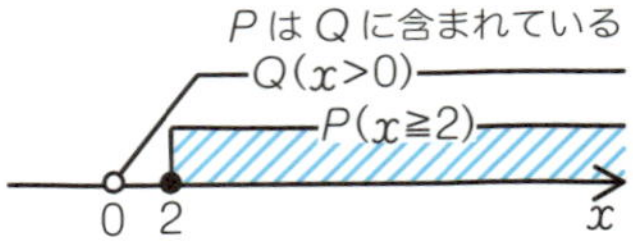

図を見ると，P は Q に含まれていることがわかりますね。

このとき，命題「$x \geq 2 \Longrightarrow x > 0$」は $\boxed{}^{ア}$ であり，集合 P，Q について $\boxed{}^{イ} \subset \boxed{}^{ウ}$ が成り立っています。

問題2 命題「$x^2 = 1 \Longrightarrow x = 1$」の真偽を調べてみましょう。

$x = 1$ のとき，$x^2 = 1$ となりますが，$x = -1$ のときも，$x^2 = 1$ になります。

よって，この命題は $\boxed{}^{エ}$ であることが示されました。

反例：$x = \boxed{}^{オ}$ のとき $x^2 = 1$

<左ページの問題の答え>
問題1 ア真 イ P ウ Q
問題2 エ偽 オ −1

基本練習 → 答えは別冊7ページ

次の命題の真偽を調べよ。また，偽であるときは反例を示せ。

(1) $x^2=0 \implies x=0$

(2) $x^2=2x \implies x=2$

(3) 自然数 n は素数 $\implies$ 自然数 n は奇数

命題が偽であることを示すために

一般に，命題「$p \implies q$」が偽であることを示すためには，$P \subset Q$ が成り立たないことをいいます。
すなわち，P に含まれるもののうち，Q に含まれないものがあるということをいえばよいのです。
このような例を，命題「$p \implies q$」の反例といいます。

$p \implies q$ は成立しない

$p \implies q$ は成立する

ステップアップ

22 必要条件と十分条件

1章 数と式

必要条件と十分条件

2つの条件 p, q について，命題「$p \Longrightarrow q$」が真であるとき，

p は q であるための**十分条件**である

q は p であるための**必要条件**である

$$p \underset{\text{十分条件}}{\Longrightarrow} q \quad \text{が真}$$
$$ \underset{\text{必要条件}}{}$$

例 チワワである 犬である
逆の「犬であるならチワワである」
は成立しない。

といいます。

また，2つの条件 p, q について，2つの命題「$p \Longrightarrow q$」，「$q \Longrightarrow p$」がともに真であるとき，「$p \Longleftrightarrow q$」と表し，p は q であるための**必要十分条件**であるといいます。同時に，q は p であるための必要十分条件でもあります。また，このとき p と q は**同値**であるともいいます。

次の ☐ に「必要条件」，「十分条件」，「必要十分条件」のうち最も適するものを答えましょう。ただし，x, y は実数とします。

問題1

(1) $x=0$ は $xy=0$ であるための ☐ である。

(2) $|x|=2$ は $x=-2$ であるための ☐ である。

(3) $x^2+x-6=0$ は $x=2$ または -3 であるための ☐ である。

「$p \Longrightarrow q$」と「$q \Longrightarrow p$」の2つの命題をつくり，真偽を調べていきましょう。

(1) $x=0$ ならば $xy=0 \times y=0$ であるから，命題「$x=0 \Longrightarrow xy=0$」は<u>真である</u>。

また，命題「$xy=0 \Longrightarrow x=0$」は<u>偽である</u>から，←反例
$x=1$, $y=0$ のとき
$xy=0$

$x=0$ は $xy=0$ であるための ☐^ア である。

(2) $|x|=2$ の絶対値をはずすと，$x=2$, -2 となる。

つまり，命題「$|x|=2 \Longrightarrow x=-2$」は<u>偽であり</u>，←反例 $x=2$ のとき
$|x|=2$

命題「$x=-2 \Longrightarrow |x|=2$」は<u>真である</u>から，

$|x|=2$ は $x=-2$ であるための ☐^イ である。

(3) $x^2+x-6=0$ は $(x-2)(x+3)=0$ と変形できるから，2次方程式 $x^2+x-6=0$ の解は $x=2$ または -3。

つまり，命題「$x^2+x-6=0 \Longrightarrow x=2$ または -3」は<u>真であり</u>，

命題「$x=2$ または $-3 \Longrightarrow x^2+x-6=0$」も<u>真である</u>。

すなわち，$x^2+x-6=0$ は $x=2$ または -3 であるための ☐^ウ である。

<左ページの問題の答え>
問題1 (1)ア 十分条件
　　　 (2)イ 必要条件
　　　 (3)ウ 必要十分条件

基本練習　→ 答えは別冊7ページ

次の□□□の中に，必要条件，十分条件，必要十分条件のうち最も適するものを答えよ。ただし，文字はすべて実数とする。

(1) $a+b>4$, $ab>4$ は $a>2$, $b>2$ であるための □□□ である。

(2) $x^2-6x+9=0$ は $x=3$ であるための □□□ である。

(3) $a=b$ は $ac=bc$ であるための □□□ である。

ベン図で見る必要条件・十分条件・必要十分条件

命題「$A \Longrightarrow B$」が真のとき
　B は A であるための必要条件
　A は B であるための十分条件
これをベン図で示すと，右図のようになります。
　すなわち　$A \subset B$

含んでいる方が 必要条件
含まれる方が 十分条件

命題「$A \Longrightarrow B$」，命題「$B \Longrightarrow A$」がともに真のとき
　A は B であるための必要十分条件
これをベン図で示すと，下図のようになります。
　すなわち　$A = B$

ステップアップ

049

23 「かつ」「または」の否定

1章 数と式　　　　　　　　　　　　　　　条件の否定

条件 p に対して，条件「p でない」を p の否定といい，$\overline{p}$ で表します。
たとえば，「$x<0$」の否定は「$x<0$ ではない」すなわち「$x\geqq 0$」ですね（x は実数とします）。

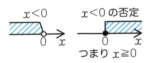

全体集合を U とし，条件 p を満たすものの集合を P とすると，条件 $\overline{p}$ を満たすものの集合は P の補集合 $\overline{P}$ となります。

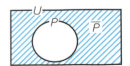

問題 1
次の条件の否定をつくりましょう。ただし，x は実数とする。
(1) $x<-1$ または $x\geqq 2$
(2) $0<x\leqq 3$

(1) $x<-1$ または $x\geqq 2$ を示すと　　　　　となるから，

否定を示すと　　　　　となります。

よって，求める条件の否定は ア $\leqq x<$ イ

(2)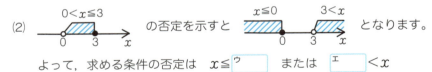

よって，求める条件の否定は $x\leqq$ ウ または エ $<x$

また，全体集合 U の部分集合 A，B について，**ド・モルガンの法則**が成り立ちます。
たとえば，問題1 (2) の「$0<x\leqq 3$」をいいかえると「$x>0$ かつ $x\leqq 3$」ですね。$x>0$ の否定は $x\leqq 0$，$x\leqq 3$ の否定は $x>3$ であるから，ド・モルガンの法則より，求める条件の否定は $x\leqq 0$ または $3<x$ となります。

ド・モルガンの法則
$\overline{A\cup B}=\overline{A}\cap\overline{B}$
$\overline{A\cap B}=\overline{A}\cup\overline{B}$

ステップアップ

条件「かつ」，「または」の否定（ド・モルガンの法則の図示）

共通部分 $A\cap B$ の否定の集合は，$\overline{A}\cup\overline{B}$ となります。図で示してみましょう。

和集合 $A\cup B$ の否定の集合は，$\overline{A}\cap\overline{B}$ となります。図で示してみましょう。

<左ページの問題の答え>
問題1 (1)ア −1 イ 2
     (2)ウ 0   エ 3

基本練習 → 答えは別冊7ページ

次の条件の否定を求めよ。ただし，x はすべて実数とする。

(1) $-2 \leqq x < 1$

(2) $x \leqq 2$ または $x \geqq 5$

(3) 整数 m，n はともに偶数である

「少なくとも一方が」を否定しよう

「a，b の少なくとも一方が3より大きい」を否定してみましょう。
「少なくとも一方が〜である」の否定は「両方とも〜でない」です。
よって，「a，b の少なくとも一方が3より大きい」を否定すると，
　　「a，b の両方が3であるか3より小さい」になります。
命題の裏・対偶（→ P.52）を求めるためには，まず，命題の否定を考えなければいけません。

24 命題の逆・裏・対偶

1章 数と式 　　　　　　　　　　　　　　　　　逆・裏・対偶

命題「$p \Longrightarrow q$」に対して
　仮定と結論を入れかえた「$q \Longrightarrow p$」を逆
　仮定と結論を否定した「$\overline{p} \Longrightarrow \overline{q}$」を裏
　仮定と結論を否定して入れかえた「$\overline{q} \Longrightarrow \overline{p}$」を対偶
といい，右の図のような関係が成り立ちます。

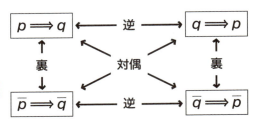

問題1

次の命題の逆・裏・対偶をつくり，それらの真偽を調べてみましょう。ただし，x は実数とします。
$$x>2 \Longrightarrow x>0$$

命題　「$x>2 \Longrightarrow x>0$」…①　について
逆は　「$x>0 \Longrightarrow x>2$」…②
$x>2$ の否定は $x\leqq 2$，$x>0$ の否定は $x\leqq 0$ なので
裏は　「$x\leqq 2 \Longrightarrow x\leqq 0$」…③
対偶は「$x\leqq 0 \Longrightarrow x\leqq 2$」…④
条件 $x>2$ を満たすものの集合を P，条件 $x>0$ を満たすものの集合を Q として数直線で表すと，右のようになります。

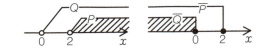

　$P \subset Q$ であるから　①は ア である。
　また，②は イ である。（反例：$x=1$）
　また，$\overline{P}$ は $x\leqq 2$，$\overline{Q}$ は $x\leqq 0$ より，$\overline{P} \supset \overline{Q}$ であるから④は ウ である。
　また，③は エ である。（反例：$x=1$）

　もとの命題とその対偶は真で，逆と裏は偽ですね。このように，もとの命題が真であっても，その逆が真とは限りません。
　ただし，命題とその対偶の真偽は一致します。すなわち命題が真ならば，その対偶は真，命題が偽ならば，その対偶は偽となります。
　また，関係を表した図（右上図）より，もとの命題の逆と裏は対偶の関係になっています。よって，命題の逆と裏の真偽も一致します。問題1 でも，逆と裏はともに偽になっていますね。

<左ページの問題の答え>
問題1 ア真 イ偽 ウ真 エ偽

基本練習 ➡ 答えは別冊7ページ

次の命題の逆・裏・対偶をつくり，それらの真偽を調べよ。

(1) 自然数 n について，n が偶数ならば $n+1$ は奇数

(2) $x=1$ ならば $x^2-4x+3=0$　ただし，x は実数とする。

対偶を用いた証明

a, b が正の数で，$a^2+b^2>50$ ならば，a と b のうち少なくとも一方は5より大きいことを証明しましょう。

「$a^2+b^2>50$」の否定は「$a^2+b^2\leqq50$」，「a と b のうち少なくとも一方は5より大きい」の否定は

「$0<a\leqq5$ かつ $0<b\leqq5$」なので，対偶は「$0<a\leqq5$ かつ $0<b\leqq5$　ならば　$a^2+b^2\leqq50$」となります。

命題とその対偶の真偽は一致するので，もとの命題が真であることを証明するために，この対偶が真であることを証明します。

$0<a\leqq5$ かつ $0<b\leqq5$ より　$0<a^2\leqq25$ かつ $0<b^2\leqq25$

よって　　　　　　　　$0<a^2+b^2\leqq50$ ⤶ a と b をそれぞれ2乗して加える

つまり，「$0<a\leqq5$ かつ $0<b\leqq5 \Longrightarrow 0<a^2+b^2\leqq50$」となり，対偶は真である。よって，もとの命題も真である。

ステップアップ

1章　数と式

いろいろな証明法

命題「$p \Longrightarrow q$」を直接証明するのが難しいときは,その対偶「$\overline{q} \Longrightarrow \overline{p}$」を証明する方が簡単になる場合があります。また,命題「$p \Longrightarrow q$」に対し,$\overline{q}$ を仮定して矛盾を導くことにより,「$p \Longrightarrow q$」は真であることを証明する方法もあります。この証明法を背理法といいます。

対偶を利用した証明法を見ていきましょう。

問題1

n を整数とするとき,n^2 が奇数ならば n は奇数であることを証明しましょう。

命題「$p \Longrightarrow q$」とその対偶「$\overline{q} \Longrightarrow \overline{p}$」は真偽が一致するから,この命題の対偶を証明すればよいですね。

「n^2 が奇数」の否定は $\boxed{}^{ア}$,「nは奇数」の否定は $\boxed{}^{イ}$ なので

この命題の対偶「$\boxed{}^{イ}$ ならば $\boxed{}^{ア}$ である」を証明すればよい。

n が偶数であるとすると,n は整数 k を使って

$$n = \boxed{}^{ウ}$$

と表すことができる。　← 整数 k を使って偶数は $2k$,奇数は $2k+1$ と表せる

このとき　$n^2 = (\boxed{}^{エ})^2$

$\qquad\qquad = 4k^2$

$\qquad\qquad = 2(\boxed{}^{オ})$　← 偶数であることを示すために 2 をくくり出す

ここで,$2(\boxed{}^{オ})$ は偶数であるから,n^2 は $\boxed{}^{カ}$ である。

$\quad$↑ $2 \times$ 整数という形で表せる

これより,対偶が真であるので,

もとの命題「n^2 が奇数ならば n は奇数である」も真である。

054

次は，背理法による証明です。

問題2

$\sqrt{2}$ が無理数であることを利用して，$\sqrt{2}+2$ が無理数であることを証明しましょう。
解答は下の①～④から選びなさい。

命題「$\sqrt{2}$ が無理数である ならば $\sqrt{2}+2$ は無理数である」の結論「$\sqrt{2}+2$ は無理数である」を否定して，仮定「$\sqrt{2}$ が無理数である」と矛盾することを示せばよい。

「$\sqrt{2}+2$ は無理数でない」と仮定すると，$\sqrt{2}+2$ は有理数であるから
　　　　　　　　　　　　　　　　　　　　　　　　　↑ 結論の否定

$$\sqrt{2}+2=r \quad (r \text{ は有理数})$$

とおける。これを変形すると
$$\sqrt{2}= \boxed{\text{キ}}$$

ここで，r は有理数であるから，右辺の キ も有理数となり，左辺の $\sqrt{2}$ も ク となる。

これは $\sqrt{2}$ が ケ であることに矛盾する。

よって，コ は無理数である。

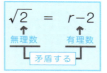

① $\sqrt{2}+2$
② $r-2$
③ 有理数
④ 無理数

【54～55ページの問題の答え】

問題1　ア n^2 は偶数　イ n が偶数　ウ $2k$　エ $2k$　オ $2k^2$　カ 偶数

問題2　キ ②　ク ③　ケ ④　コ ①

共通テスト対策問題に チャレンジ

1章　数と式

➡ 答えは別冊8ページ

1 $k=\dfrac{6}{\sqrt{3}+1}$ とする。分母を有理化すると，$k=\boxed{\text{ア}}\sqrt{\boxed{\text{イ}}}-\boxed{\text{ウ}}$ となる。
また，k の整数部分は $\boxed{\text{エ}}$ である。

（センター試験追試）

2 x を実数とし，$A=x(x+1)(x+2)(5-x)(6-x)(7-x)$ とおく。

整数 n に対して，$(x+n)(n+5-x)=x(5-x)+n^2+\boxed{\text{ア}}n$ であり，したがって，

$X=x(5-x)$ とおくと，

$$A=X(X+\boxed{\text{イ}})(X+\boxed{\text{ウエ}})$$

と表せる。

$x=\dfrac{5+\sqrt{17}}{2}$ のとき，$X=\boxed{\text{オ}}$ であり，$A=2^{\boxed{\text{カ}}}$ である。

（センター試験本試）

056

3

Aを有理数全体の集合，Bを無理数全体の集合とする。空集合をϕと表す。次の(1)～(4)が真の命題になるように，$\boxed{\ \text{ア}\ }$～$\boxed{\ \text{エ}\ }$にあてはまる記号を書きなさい。

(1) $A\boxed{\ \text{ア}\ }\{0\}$　　　　　(2) $\sqrt{28}\boxed{\ \text{イ}\ }B$

(3) $A=\{0\}\boxed{\ \text{ウ}\ }A$　　　(4) $\phi=A\boxed{\ \text{エ}\ }B$

(センター試験本試)

4

実数xについて，命題A：「$x^2>2$または$x^3>0$」ならば「$x>2$」を考える。

(1) 次の$\boxed{\ \text{ア}\ }$～$\boxed{\ \text{エ}\ }$にあてはまるものを書きなさい。

　　命題Aの逆，対偶を考えると次のようになる。

　　　逆：「$\boxed{\ \text{ア}\ }$」ならば「$\boxed{\ \text{イ}\ }$」

　　　対偶：「$\boxed{\ \text{ウ}\ }$」ならば「$\boxed{\ \text{エ}\ }$」

(2) 次の$\boxed{\ \text{オ}\ }$にあてはまるものを，下の⓪～⑥のうちから1つ選べ。

　　命題Aとその逆，対偶のうち，$\boxed{\ \text{オ}\ }$が真である。

　　⓪　命題Aのみ

　　①　命題Aの逆のみ

　　②　命題Aの対偶のみ

　　③　命題Aとその対偶の2つのみ

　　④　命題Aとその逆の2つのみ

　　⑤　命題Aの逆と命題Aの対偶の2つのみ

　　⑥　3つすべて

(3) 次の$\boxed{\ \text{カ}\ }$にあてはまるものを，下の⓪～③のうちから1つ選べ。

　　実数xについての条件「$x^2>2$または$x^3>0$」は，「$x>2$」であるための$\boxed{\ \text{カ}\ }$。

　　⓪　必要条件であるが，十分条件ではない

　　①　十分条件であるが，必要条件ではない

　　②　必要十分条件である

　　③　必要条件でも十分条件でもない

(センター試験追試)

057

25 関数の定義域と値域

2章 2次関数　　　　　　　　　　　　　　　　　　定義域と値域

2つの変数 x, y について，x の値を定めると，それに対応して y の値がただ1つだけ定まるとき，y は x の関数であるといいます。たとえば $y=2x+3$ という関数で，$x=1$ と定めると $y=5$ となり，y の値も1つに定まりますね。

このとき，y が x の関数であることを $y=f(x)$ のような記号で表します。

x の1次関数 $y=ax+b$ のグラフは，点 $(0, b)$ を通る，傾きが a の直線です。とくに y 軸上の点 $(0, b)$ を y 切片といいます。

また，関数 $y=f(x)$ において，変数 x の値が a のとき，それに対応する y の値を $f(a)$ で表します。

たとえば，$y=f(x)$ において，x の値が5のとき，それに対応する y の値を $f(5)$ と表します。

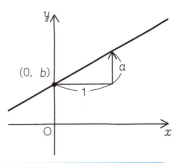

問題1　次の関数 $f(x)$ について，$f(2)$, $f(-3)$ を求めましょう。
(1) $f(x)=2x+1$ 　　　(2) $f(x)=x^2$

(1) $f(2)=2\times 2+1=\boxed{ア}$
　　　　　　↑
　　　　2を代入する

　　$f(-3)=2\times (\boxed{イ})+1=\boxed{ウ}$
　　　　　　　　↑
　　　　　-3を代入する

(2) $f(2)=\boxed{エ}^2=\boxed{オ}$
　　　　　↑
　　　2を代入する

　　$f(-3)=(-3)^2=\boxed{カ}$
　　　　　　↑
　　　-3を代入する

関数 $y=f(x)$ において，変数 x のとる値の範囲を，この関数の定義域といい，定義域の x の値に対して y のとる値の範囲を，この関数の値域といいます。

問題2　関数 $y=2x-1$ の定義域が $1\leqq x\leqq 3$ のとき，値域を求めましょう。

$y=2x-1$ のグラフをかき，$1\leqq x\leqq 3$ の範囲を示すと，右の図のようになります。

　　$x=1$ のとき，$y=2x-1$ に代入すると，$y=\boxed{キ}$ であり

　　$x=3$ のとき，$y=2x-1$ に代入すると，$y=\boxed{ク}$ なので，
値域は $\boxed{ケ}\leqq y\leqq \boxed{コ}$ である。

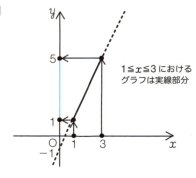

$1\leqq x\leqq 3$ におけるグラフは実線部分

058

<左ページの問題の答え>
問題1 (1)ア 5 イ -3 ウ -5 (2)エ 2 オ 4 カ 9
問題2 キ 1 ク 5 ケ 1 コ 5

基本練習 → 答えは別冊9ページ

次の関数についての問いに答えよ。

(1) 関数 $f(x) = x^2 - 4x + 5$ に対して $f(1)$, $f(-2)$ を求めよ。

(2) 関数 $y = -2x + 3$ の定義域が $-2 \leq x \leq 1$ のとき，グラフをかいて値域を求めよ。

1次関数 $y = ax + b$ のグラフの形は？

① $a > 0$ のとき
　グラフは，右上がりの直線です。

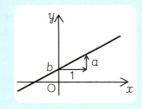

② $a < 0$ のとき
　グラフは，右下がりの直線です。

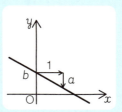

ステップアップ

26 $y=ax^2$ のグラフ

2章 2次関数　　　　2次関数のグラフ①

関数 $y=2x^2$, $y=x^2-1$ のように, y が x の2次式で表されるとき, **y は x の2次関数である**といいます。まず, $y=ax^2$ のグラフを考えてみましょう。

2次関数 $y=ax^2$ のグラフは, **原点O(0, 0)を頂点と**する, 曲線のグラフです。このような曲線を**放物線**といい, **軸**に対して対称で, 軸と放物線の交点である**頂点**があります。

このような放物線で, 上に開いた形の曲線を**下に凸**, 下に開いた形の放物線を**上に凸**といいます。

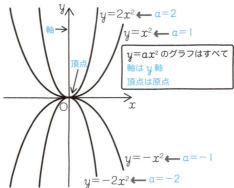

問題1　次の2次関数のグラフをかいてみましょう。
(1) $y=\dfrac{1}{2}x^2$　　　　(2) $y=-2x^2$

(1) $y=\dfrac{1}{2}x^2$ のグラフは, ［ア　］を頂点として
　　↑点Oのこと

y 軸を［イ　］とする　下に［ウ　］の放物線になります。
↑y軸で左右対称になる　　　　　↑上に開いた形

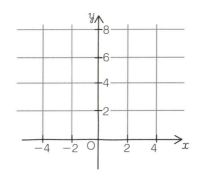

(2) $y=-2x^2$ のグラフは, 原点を［エ　］として
［オ　］を軸とする［カ　］に凸の放物線になります。
　　　　　　　　　　　↑下に開いた形

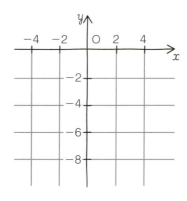

060

<左ページの問題の答え>
問題1 (1) ア 原点　イ 軸　ウ 凸　　(2) エ 頂点　オ y 軸　カ 上　

基本練習　→ 答えは別冊9ページ

次の2次関数のグラフをかけ。

(1) $y = 3x^2$

(2) $y = -\dfrac{1}{4}x^2$

関数 $y = ax^2$ の y の値の変化は？

(i) $a > 0$ の場合
　$x < 0$ のとき，
　　x が増えるにつれて
　　y の値は減少。
　$x > 0$ のとき，
　　x が増えるにつれて
　　y の値は増加。

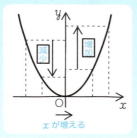

(ii) $a < 0$ の場合
　$x < 0$ のとき，
　　x が増えるにつれて
　　y の値は増加。
　$x > 0$ のとき，
　　x が増えるにつれて
　　y の値は減少。

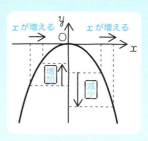

27 $y=ax^2+q$ のグラフ

2章 2次関数　　2次関数のグラフ②

　2次関数 $y=ax^2+q$ のグラフは，軸が y 軸，頂点が点 $(0, q)$ の放物線です。

　では，2次関数 $y=x^2+2$ のグラフと $y=x^2$ のグラフにはどのような関係があるでしょうか。

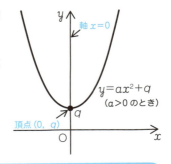

問題1　2次関数 $y=x^2+2$ のグラフをかいてみましょう。

　2つの2次関数 $y=x^2$ と $y=x^2+2$ の式に，$x=-3$ から 3 までの値を代入して比べると，次の表のようになりますね。

x	…	-3	-2	-1	0	1	2	3	…
x^2	…	9	4	1	0	1	4	9	…
x^2+2	…	ア	6	イ	2	3	ウ	11	…

　この表から，$y=x^2$ と $y=x^2+2$ のグラフをかいてみましょう。

　$y=x^2+2$ のグラフは，$y=x^2$ のグラフを <u>y 軸方向</u>に エ だけ <u>平行移動</u>した放物線で，
　　　↳「y 軸の正の向き」ということ

軸は オ ，頂点は点（ カ , キ ）であることがわかります。

　ある関数のグラフを一定の方向に向きを変えずにずらして移すことを，そのグラフを <u>平行移動する</u>といいます。

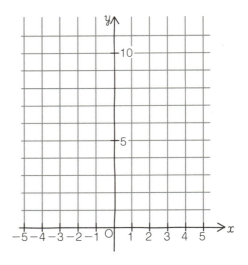

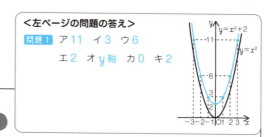
<左ページの問題の答え>
問題1 ア11 イ3 ウ6
エ2 オy軸 カ0 キ2

基本練習 ➜ 答えは別冊9ページ

次の2次関数のグラフをかけ。また，軸と頂点を答えよ。

(1) $y = -x^2 + 3$

(2) $y = \dfrac{1}{2}x^2 - 2$

$y = ax^2 + q$ のグラフ

2次関数 $y = ax^2 + q$ のグラフは，$y = ax^2$ のグラフを y 軸方向に q だけ平行移動した放物線で，軸は y 軸，頂点は点 $(0, q)$ になります。
右のグラフで確認しておきましょう。

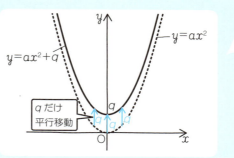

ステップアップ

28 $y=a(x-p)^2$ のグラフ

2章 2次関数 / 2次関数のグラフ③

$y=a(x-p)^2$ のグラフは，軸が直線 $x=p$，頂点が点 $(p, 0)$ の放物線です。

では，2次関数 $y=(x-2)^2$ のグラフと $y=x^2$ のグラフにはどのような関係があるでしょうか。

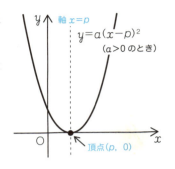

問題 1　2次関数 $y=(x-2)^2$ のグラフをかいてみましょう。

2つの2次関数 $y=x^2$ と $y=(x-2)^2$ の式に，$x=-3$ から 5 までの値を代入して比べると，次の表のようになりますね。

x	…	-3	-2	-1	0	1	2	3	4	5	…
x^2	…	9	4	1	0	1	4	9	16	25	…
$(x-2)^2$	…	25	16	ア	4	イ	0	1	ウ	9	…

この表から，$y=x^2$ と $y=(x-2)^2$ のグラフをかいてみましょう。

$y=(x-2)^2$ のグラフは，$y=x^2$ のグラフを x 軸方向に エ だけ平行移動した放物線で，
↑「x 軸の正の向き」ということ

軸は直線 $x=$ オ ，頂点は点 (カ , キ) であることがわかります。

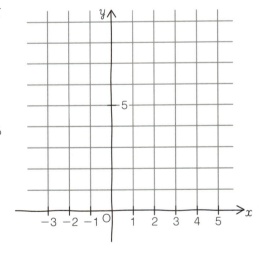

<左ページの問題の答え>
問題1 ア9 イ1 ウ4
エ2 オ2 カ2
キ0

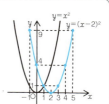

基本練習 ➡ 答えは別冊9ページ

次の2次関数のグラフをかけ。また，軸と頂点を答えよ。

(1) $y = 2(x-1)^2$

(2) $y = -(x+2)^2$

$y=a(x-p)^2$ のグラフ

2次関数 $y=a(x-p)^2$ のグラフは，$y=ax^2$ のグラフを x 軸方向に p だけ平行移動した放物線で，軸は直線 $x=p$，頂点は点 $(p, 0)$ になります。
右のグラフで確認しておきましょう。

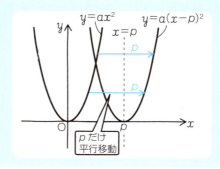

29 $y=a(x-p)^2+q$ のグラフ

2章 2次関数　　2次関数のグラフ④

$y=a(x-p)^2+q$ のグラフは，軸が直線 $x=p$，頂点が点 (p, q) の放物線です。

では，2次関数 $y=(x-1)^2+3$ のグラフと $y=x^2$ のグラフにはどのような関係があるでしょうか。

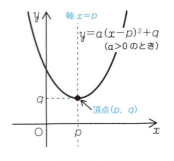

問題1　2次関数 $y=(x-1)^2+3$ のグラフをかいてみましょう。

2つの2次関数 $y=x^2$ と $y=(x-1)^2+3$ の式に，$x=-2$ から 4 までの値を代入して比べると，次の表のようになりますね。

x	…	-2	-1	0	1	2	3	4	…
x^2	…	4	1	0	1	4	9	16	…
$(x-1)^2+3$	…	12	7	4	3	4	7	12	…

この表から，$y=x^2$ と $y=(x-1)^2+3$ のグラフをかいてみましょう。

2次関数 $y=(x-1)^2+3$ のグラフは，軸が直線 $x=$ ア ，頂点が点（イ ， ウ ）の放物線です。

また，$y=x^2$ のグラフは，軸が y 軸，頂点が原点 $(0, 0)$ の放物線です。

2つのグラフの頂点を比べることにより，$y=(x-1)^2+3$ のグラフは $y=x^2$ のグラフを x 軸方向に エ ，y 軸方向に オ だけ平行移動した放物線だということがわかります。

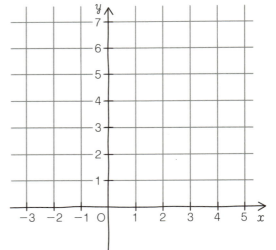

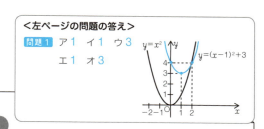

<左ページの問題の答え>
問題1 ア 1 イ 1 ウ 3
　　　エ 1 オ 3

基本練習 → 答えは別冊10ページ

次の2次関数のグラフをかけ。また，軸と頂点を答えよ。

(1) $y = -(x+1)^2 + 2$

(2) $y = \dfrac{1}{2}(x-2)^2 + 1$

$y=a(x-p)^2+q$ のグラフ

2次関数 $y=a(x-p)^2+q$ のグラフは，$y=ax^2$ のグラフを x 軸方向に p，y 軸方向に q だけ平行移動した放物線で，軸は直線 $x=p$，頂点は点 $(p,\ q)$ になります。

右のグラフで確認しておきましょう。

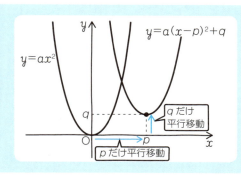

30 $ax^2+bx+c=a(x-p)^2+q$ の変形

2章　2次関数　　　　　　　　　　　　　　　　　　平方完成

2次式 $(x-2)^2+2$ を展開して整理すると

$$(x-2)^2+2=(x^2-4x+4)+2=x^2-4x+6$$

となりますね。

この逆の変形で，2次関数 $y=x^2-4x+6$ を

$$y=(x-2)^2+2$$

の形に変形できます。この形にすると，軸と頂点がわかります。このように，x の2次式を $a(x-p)^2+q$ の形に変形することを平方完成といいます。

それでは，$y=x^2+4x-1$ を平方完成してみましょう。

$$y=x^2+4x-1$$
$$=(x^2+4x+2^2-2^2)-1 \quad \longleftarrow \text{x の係数の半分を} \atop \text{2乗したものを足し，同じ数だけ引く}$$

（4÷2）²

$(x+○)^2$ の形にする　　足した分を引き算する

$$=(x^2+4x+4)-4-1$$
$$=(x+2)^2-5$$

このように，x の係数に着目すると，平方完成が簡単にできます。

問題 1　2次関数 $y=x^2-6x+8$ の右辺を平方完成しましょう。

$$y=x^2-6x+8$$
$$=(x^2-6x+3^2-\boxed{\text{ア}}^2)+8 \qquad \text{x の係数の半分の2乗を足して，引く}$$
$$=(x^2-6x+9)-\boxed{\text{イ}}+8 \qquad \text{引いた 3^2 をかっこの外に出す}$$
$$=(x-\boxed{\text{ウ}})^2-\boxed{\text{エ}} \qquad \text{整理して $(x-p)^2+q$ の形にする}$$

問題 2　2次関数 $y=2x^2-8x+15$ の右辺を平方完成しましょう。

$$y=2x^2-8x+15$$
$$=2(x^2-\boxed{\text{オ}}x)+15 \qquad \text{x^2 と x の項を x^2 の係数2でくくる}$$
$$=2(x^2-4x+\boxed{\text{カ}}^2-2^2)+15 \qquad \text{かっこの中で，x の係数の半分の2乗を足して，引く}$$
$$=2(x^2-4x+4)-8+15 \qquad \text{引いた 2^2 をかっこの外に出す。2をかけ忘れないように！}$$
$$=2(x-\boxed{\text{キ}})^2+\boxed{\text{ク}} \qquad \text{整理して $a(x-p)^2+q$ の形にする}$$

<左ページの問題の答え>
問題1 ア3 イ9 ウ3 エ1
問題2 オ4 カ2 キ2 ク7

基本練習

→ 答えは別冊10ページ

次の2次関数の右辺を平方完成せよ。

(1) $y = 2x^2 - 12x + 21$

(2) $y = -2x^2 + 8x - 7$

(3) $y = x^2 + 5x + 6$

計算が複雑な平方完成

x の係数が奇数の場合でも，同じ手順で平方完成します。$y = x^2 + 3x + 4$ を平方完成しましょう。

$$y = x^2 + 3x + 4$$
$$= x^2 + 3x + \left(\frac{3}{2}\right)^2 - \left(\frac{3}{2}\right)^2 + 4$$
$$= \left(x^2 + 3x + \frac{9}{4}\right) - \frac{9}{4} + 4$$
$$= \left(x + \frac{3}{2}\right)^2 + \frac{7}{4}$$

（x の係数÷2）² を足し，同じ数だけ引く

$(x + ○)^2$ の形

形はちがうけど 中身は同じ！

ステップアップ

31 $y=ax^2+bx+c$ のグラフ

2章 2次関数　　2次関数のグラフ⑤

2次関数 $y=2x^2+8x+5$ のグラフを考えてみましょう。軸と頂点を求めるために，右辺を平方完成します。

$$\begin{aligned}y&=2x^2+8x+5\\&=2(x^2+4x)+5\\&=2(x^2+4x+4-4)+5\\&=2\{(x+2)^2-4\}+5\\&=2(x+2)^2-8+5\\&=2(x+2)^2-3\end{aligned}$$

　x^2の係数2でくくる
　$(x+○)^2$の形に変形

よって，$y=2x^2+8x+5$ のグラフは，軸が直線 $x=-2$，頂点が点 $(-2, -3)$ の下に凸の放物線であることがわかります。

それでは，$y=ax^2+bx+c$ の右辺を平方完成し，グラフをかいてみましょう。

問題1　2次関数 $y=2x^2-4x+1$ のグラフの軸と頂点を求め，そのグラフをかきましょう。

2次関数 $y=2x^2-4x+1$　…①　の右辺を平方完成すると

$$\begin{aligned}y&=2x^2-4x+1\\&=2(x^2-2x)+1\\&=2(x^2-2x+1-1)+1\\&=2\{(x-1)^2-1\}+1\\&=2(x-1)^2-2+1\\&=2(x-\boxed{ア})^2-\boxed{イ}\end{aligned}$$

となります。

したがって，①のグラフは，

軸が直線 $x=\boxed{ウ}$，

頂点が点 $(\boxed{エ}, \boxed{オ})$

の下に凸の放物線になります。

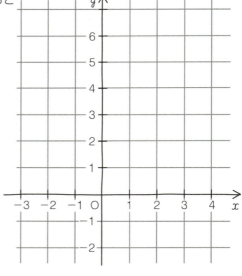

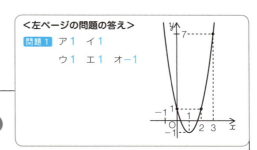

<左ページの問題の答え>
問題1 ア1 イ1
ウ1 エ1 オ-1

基 本 練 習 →答えは別冊10ページ

次の2次関数のグラフの軸と頂点を求め，そのグラフをかけ。

(1) $y = x^2 + 4x + 3$

(2) $y = -2x^2 + 4x + 1$

座標平面上の点と象限

　座標平面は座標軸によって4つの部分に
分けられます。これらの各部分を象限といい，
右の図のように，それぞれを
　第1象限，第2象限，第3象限，第4象限
といいます。ただし，座標軸はどの象限にも含まれません。

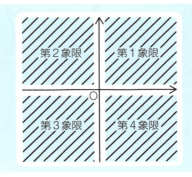

32 2次関数の最大・最小

2章 2次関数　　2次関数の最大・最小①

グラフを利用して，2次関数 $y=2(x-2)^2+2$ の最大値と最小値を考えてみましょう。

$y=2(x-2)^2+2$ のグラフは，軸が直線 $x=2$，頂点 $(2, 2)$ の下に凸の放物線です。y の値に注目すると，

$x<2$ の範囲で，x が増加するにつれて y は減少，

$2<x$ の範囲で，x が増加するにつれて y は増加

することがわかります。

よって，$x=2$ で最小値 2 をとり，最大値はありません。y はいくらでも大きな値をとります。

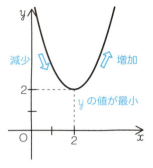

それでは，次の2次関数の最大値・最小値を求めましょう。グラフが上に凸か，下に凸か，注目するとよいでしょう。

問題 1　(1) $y=x^2-4x+5$　　(2) $y=-x^2+2x+3$

(1) $y=x^2-4x+5$
$=(x^2-4x+4-4)+5$
$=(x-2)^2-4+5$
$=(x-\boxed{ア})^2+\boxed{イ}$

と変形できるので，この関数のグラフは直線 $x=2$ を軸とし，頂点 $(\boxed{ウ}, \boxed{エ})$ の下に凸の放物線です。

したがって，y の値は

$x<2$ の範囲で減少し，

$x>2$ の範囲で増加します。

よって，この関数は

$x=\boxed{オ}$ のとき，

最小値 $\boxed{カ}$ をとる。

また，

最大値はない。

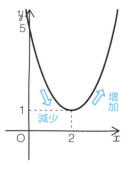

(2) $y=-x^2+2x+3$
$=-(x^2-2x)+3$
$=-(x^2-2x+1-1)+3$
$=-(x-1)^2+1+3$
$=-(x-\boxed{キ})^2+\boxed{ク}$

と変形できるので，この関数のグラフは直線 $x=\boxed{ケ}$ を軸とし，頂点 $(1, 4)$ の上に凸の放物線です。

したがって，y の値は

$x<1$ の範囲で増加し，

$x>1$ の範囲で減少します。

よって，この関数は

$x=\boxed{コ}$ のとき，

最大値 $\boxed{サ}$ をとる。

また，

最小値はない。

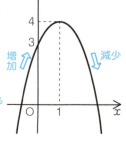

<左ページの問題の答え>
問題1 (1)ア2 イ1 ウ2 エ1 オ2 カ1
(2)キ1 ク4 ケ1 コ1 サ4

基本練習 ➡答えは別冊10ページ

次の2次関数の最大値または最小値を求めよ。

(1) $y = 2x^2 - 8x + 5$

(2) $y = -x^2 - 4x + 3$

平方完成してグラフの形を考えよう

定義域に制限がないときは、頂点で最大値または最小値をとります。つまり、ここでも平方完成がポイントなのです。x^2の係数の正負で、上下どちらに凸かはすぐわかりますね。上に凸なら最大値、下に凸なら最小値があるということです。

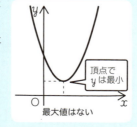
頂点でyは最小
最大値はない

頂点でyは最大
最小値はない

ステップアップ

33 定義域が限られた2次関数の最大・最小

2章 2次関数　2次関数の最大・最小②

定義域がある範囲に限られている 2 次関数の最大・最小を考えてみましょう。

$y=x^2-4x+1$ の定義域が $-1 \leq x \leq 4$ のとき，最大値と最小値を求めましょう。

まず，右辺を平方完成して，グラフをかきます。

$$y=x^2-4x+1$$
$$=(x-2)^2-4+1$$
$$=(x-2)^2-3$$

したがって，軸が直線 $x=2$，頂点 $(2, -3)$ の下に凸の放物線になります。

このうち，与えられた定義域を実線でかくと，右のようなグラフになります。

グラフから，

$x=-1$ のとき最大値 6　←定義域の端点，$x=-1$ と $x=4$ の y の値を比べて最大値を決める

$x=2$ のとき最小値 -3　←頂点

をとります。

問題 1 関数 $y=x^2-2x+3$ の定義域が次の範囲のとき，最大値と最小値を求めましょう。
　　(1) $-1 \leq x \leq 2$　　(2) $2 \leq x \leq 3$

$y=x^2-2x+3=(x-1)^2+2$ と変形できるので，この関数のグラフは直線 $x=1$ を軸とし，頂点 $(1, 2)$ の下に凸の放物線です。与えられた定義域の範囲を実線でかくと，次のようなグラフになります。

(1)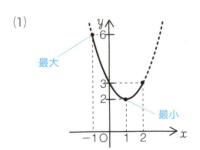

(2)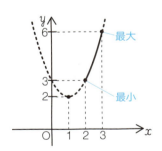

頂点が定義域内にあるから

$x=$ [ア] のとき，最大値 [イ]，

$x=$ [ウ] のとき，最小値 [エ] をとる。

頂点が定義域内にないから

$x=$ [オ] のとき，最大値 [カ]，

$x=$ [キ] のとき，最小値 [ク] をとる。

※ 定義域は，関数の式の後に（ ）を用いて示すことがあります。たとえば 問題1 の(1)は $y=x^2-2x+3 \ (-1 \leq x \leq 2)$ のように表します。

<左ページの問題の答え>
問題1 (1)ア−1 イ6 ウ1 エ2
(2)オ3 カ6 キ2 ク3

基本練習 → 答えは別冊11ページ

次の2次関数の最大値と最小値を求めよ。また，そのときの x の値を求めよ。

(1) $y = x^2 - 4x + 1 \quad (0 \leq x \leq 3)$

(2) $y = -x^2 + 6x - 7 \quad (4 \leq x \leq 6)$

最大値・最小値をイメージしよう

定義域がある2次関数は，次の5つのパターンに分かれます。頂点と軸の位置に注目して，見てみましょう。

$y = a(x-p)^2 + q$
（$a > 0$ の場合）

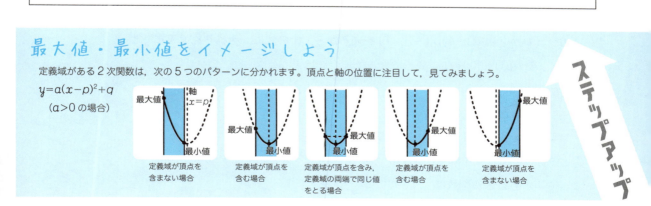

ステップアップ

34 2次関数の決定

2章 2次関数

2次関数のグラフが満たす条件から，2次関数を求めることができます。

(1) 頂点 (p, q) とその他の1点がわかる場合

$y=a(x-p)^2+q$ の形の式にし，もう1点の座標の値を代入して a を求める。

(2) 軸の直線 $x=p$ とその他の2点がわかる場合

$y=a(x-p)^2+q$ の形の式にして，軸を代入。その他の2点の座標の値を代入して，a と q についての連立方程式を解く。

(3) 3点がわかる場合

$y=ax^2+bx+c$ の形の式にして，3点の座標の値を代入し，a, b, c についての連立3元1次方程式を解く。

↑ 3文字を含む1次方程式を組合せた連立方程式

問題1 点 $(2, 3)$ を頂点とし，点 $(1, 5)$ を通る放物線をグラフとする2次関数を求めましょう。

頂点が点 $(2, 3)$ であるから，求める2次関数は $y=a(x-\boxed{}^{ア})^2+\boxed{}^{イ}$ …①

とかけます。

このグラフが点 $(1, 5)$ を通るから，①の式に $x=1$，$y=5$ を代入します。

したがって $5=a(1-\boxed{}^{ア})^2+\boxed{}^{イ}$ ← ①の式に $x=1$，$y=5$ を代入

これを解くと $a=\boxed{}^{ウ}$

この値を①に代入すると，求める2次関数は $\boxed{}^{エ}$

問題2 軸が直線 $x=-1$ で，2点 $(0, 4)$，$(-3, 7)$ を通る放物線をグラフとする2次関数を求めましょう。

軸が直線 $x=-1$ であるから，求める2次関数は $y=a(x+1)^2+q$ …①

とかけます。

このグラフが2点 $(0, 4)$，$(-3, 7)$ を通るから，①の式に，それぞれ代入すると

$$4=a(0+1)^2+q$$
$$a+q=4 \quad …②$$
$$7=a(-3+1)^2+q$$
$$4a+q=7 \quad …③$$

②と③の連立方程式を解くと $a=\boxed{}^{オ}$ $q=\boxed{}^{カ}$

よって，求める2次関数は $\boxed{}^{キ}$

<左ページの問題の答え>
問題1 ア 2 イ 3 ウ 2 エ $y=2(x-2)^2+3$
問題2 オ 1 カ 3 キ $y=(x+1)^2+3$

基本練習

→ 答えは別冊 11 ページ

点 (2, 1) を頂点とし, 点 (4, 9) を通る放物線をグラフとする 2 次関数を求めよ。

3点を通る放物線の決定

2 次関数 $y=ax^2+bx+c$ が, 3 点 (2, −3), (−1, 6), (3, −2) を通るとき, a, b, c の値を求めましょう。
まず, それぞれの点の座標の値を式に代入します。
　　　$-3=2^2 \cdot a+2b+c$ …①　　$6=(-1)^2 \cdot a+(-1)b+c$ …②　　$-2=3^2 \cdot a+3b+c$ …③
①を c について解くと　$c=-4a-2b-3$ …①'　　この値を②, ③に代入します。
②に代入し, 移項して整理すると　$3a+3b=-9$ …②'　　③に代入し, 移項して整理すると　$5a+b=1$ …③'
②'と③'の連立方程式を解くと　$a=1$, $b=-4$
①'に a, b の値を代入すると　$c=-4+8-3=1$　　よって　$a=1$, $b=-4$, $c=1$

35 2次方程式を解こう

2章　2次関数

2次方程式の解法①

移項して整理することにより，$ax^2+bx+c=0$（$a\neq0$）の形で表せる方程式を **2次方程式** といいましたね。因数分解を使って2次方程式を解く方法を確認しましょう。

$2x^2+5x-3=0$ を因数分解して解を求めましょう。因数分解するために，たすきがけをしましたね。右の図より

$$2x^2+5x-3=0$$
$$(x+3)(2x-1)=0$$

したがって　$x+3=0$ または $2x-1=0$

よって　$x=-3$ または $x=\dfrac{1}{2}$　となります。

```
┌─ たすきがけ ──────┐
│  1  ╳   3      6   │
│  2     -1     -1   │
│              ─────  │
│                5   │
└──────────────────┘
```

では，因数分解できない場合はどうすればよいでしょう。そんなときは，解の公式を使いましたね。

2次方程式の解の公式

$ax^2+bx+c=0$（$a\neq0$）の解は

$$x=\frac{-b\pm\sqrt{b^2-4ac}}{2a}\quad（ただし，\ b^2-4ac\geqq0）$$

問題1　2次方程式 $x^2-5x-6=0$ を解きましょう。

左辺を因数分解すると　$(x-\boxed{})(x+\boxed{})=0$

したがって，$x-\boxed{}=0$　または　$x+\boxed{}=0$

$\left.\begin{array}{l}AB=0\ ならば\\ A=0\ または\ B=0\end{array}\right.$

よって，2次方程式の解は　$x=\boxed{}$，$-\boxed{}$

問題2　2次方程式 $x^2+5x+2=0$ を解きましょう。

解の公式に，$a=1$，$b=\boxed{}$，$c=\boxed{}$ を代入して

$$x=\frac{-\boxed{}\pm\sqrt{\boxed{}^2-4\cdot1\cdot\boxed{}}}{2\cdot1}$$

$$=\frac{-5\pm\sqrt{\boxed{}}}{2}$$

よって，2次方程式の解は　$x=\dfrac{-5\pm\sqrt{\boxed{}}}{2}$

<左ページの問題の答え>
問題1 ア6 イ1 ウ6 エ1 オ6 カ1
問題2 キ5 ク2 ケ5 コ5 サ2 シ17

基本練習 → 答えは別冊 11 ページ

次の2次方程式を解け。

(1) $3x^2-5x-2=0$

(2) $2x^2+2x-3=0$

解の公式の確認

中学校で学習した解の公式を確認してみましょう。

$ax^2+bx+c=0$

$x^2+\dfrac{b}{a}x+\dfrac{c}{a}=0$ ← 両辺を係数 a で割る

$x^2+\dfrac{b}{a}x=-\dfrac{c}{a}$ ← 定数項を右辺に移項

$\left(x+\dfrac{b}{2a}\right)^2-\left(\dfrac{b}{2a}\right)^2=-\dfrac{c}{a}$ ← 左辺を平方完成

整理すると $\left(x+\dfrac{b}{2a}\right)^2=\dfrac{b^2-4ac}{4a^2}$

$b^2-4ac\geqq 0$ のとき $x+\dfrac{b}{2a}=\pm\dfrac{\sqrt{b^2-4ac}}{2a}$

よって $x=\dfrac{-b\pm\sqrt{b^2-4ac}}{2a}$

36 2次方程式の解の個数

2章 2次関数
2次方程式の解法②

2次方程式 $ax^2+bx+c=0$ において，$D=b^2-4ac$ をこの2次方程式の**判別式**といいます。判別式 D の符号によって，2次方程式の実数解の個数は次のようになります。

$D>0 \iff$ 異なる2つの実数解をもつ

$D=0 \iff$ ただ1つの実数解（重解）をもつ

$D<0 \iff$ 実数解をもたない

2次方程式の解の公式と判別式

判別式 D

$$x=\frac{-b\pm\sqrt{b^2-4ac}}{2a}$$

問題1 次の2次方程式の実数解の個数を求めましょう。

(1) $2x^2+5x+3=0$　　　(2) $3x^2-x+2=0$

(1) 2次方程式の判別式を D とすると

$D=5^2-4\cdot2\cdot3=\boxed{}^{ア}>0$ であるから

実数解は $\boxed{}^{イ}$ 個

(2) 2次方程式の判別式を D とすると

$D=(-1)^2-4\cdot3\cdot2=\boxed{}^{ウ}<0$ であるから

実数解は $\boxed{}^{エ}$ 個

問題2 2次方程式 $x^2+2x-m+3=0$ が重解をもつとき，定数 m の値を求めましょう。

この2次方程式の判別式を D とすると　$D=2^2-4\cdot1\cdot(-m+3)=4m-\boxed{}^{オ}$

2次方程式が重解をもつのは $D=\boxed{}^{カ}$ のときだから

$4m-\boxed{}^{オ}=0$

$4m=\boxed{}^{オ}$　　よって　$m=\boxed{}^{キ}$

※　$m=2$ のとき，方程式は $x^2+2x+1=0$，すなわち $(x+1)^2=0$ となり，重解は $x=-1$ です。

問題3 2次方程式 $x^2+3x+m+2=0$ が実数解をもたないとき，定数 m の値の範囲を求めましょう。

この2次方程式の判別式を D とすると

$D=3^2-4\cdot1\cdot(m+2)=9-4m-8=-4m+1$

2次方程式が実数解をもたないのは，$D\boxed{}^{ク}0$ のときだから

$-4m+1\boxed{}^{ク}0$

$-4m\boxed{}^{ク}-1$　　よって　$m\boxed{}^{ケ}\dfrac{1}{4}$

<左ページの問題の答え>
問題1 (1)ア 1　イ 2　　(2)ウ −23　エ 0
問題2 オ 8　カ 0　キ 2
問題3 ク <　ケ >

基本練習　→答えは別冊11ページ

次の2次方程式の実数解の個数を求めよ。

(1) $x^2-3x+1=0$

(2) $2x^2-6x+5=0$

(3) $9x^2-6x+1=0$

判別式から2次方程式の定数の範囲を求めよう

2次方程式 $x^2+4x+3-m=0$ が異なる2つの実数解をもつとき，定数 m の値の範囲はどのようになるでしょう。
この2次方程式の判別式を D とすると
　　$D=4^2-4\cdot1\cdot(3-m)=4+4m$ となります。
2次方程式が異なる2つの実数解をもつのは $D>0$ のときだから
　　$4+4m>0$
　　　$4m>-4$
よって　$m>-1$

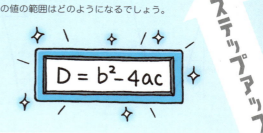

ステップアップ

37　2次関数のグラフと x 軸の共有点

2章　2次関数　　　　　　　　　**グラフと2次方程式**

2次関数 $y=ax^2+bx+c$ のグラフと x 軸との共有点の x 座標は2次方程式 $ax^2+bx+c=0$ の実数解です。

なぜなら，右の図のように x 軸は直線 $y=0$ なので，グラフとの交点は
$$\begin{cases} y=ax^2+bx+c \\ y=0 \end{cases}$$
を同時に満たす点になるからです。

では，問題を問いてみましょう。

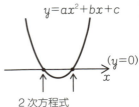

2次方程式 $ax^2+bx+c=0$ の実数解。つまり，$y=ax^2+bx+c$ と $y=0$ の共有点。

問題1
次の2次関数のグラフと x 軸との共有点の座標を求めましょう。
(1) $y=x^2-5x+4$　　(2) $y=-3x^2-2x+1$　　(3) $y=4x^2-4x+1$

2次関数 $y=ax^2+bx+c$ のグラフと x 軸との共有点では y 座標が 0 であるから，2次関数の式に $y=0$ を代入して2次方程式 $ax^2+bx+c=0$ をつくります。そのあと，因数分解によって，x の値を求めます。

(1) 2次方程式 $x^2-5x+4=0$ を解くと
　$(x-1)(x-\boxed{ア})=0$ より
　$x=1,\ \boxed{イ}$
よって，共有点の座標は
$(1,\ 0),\ (4,\ \boxed{ウ})$

(2) 2次方程式 $-3x^2-2x+1=0$ を解くと
$3x^2+2x-1=0$ より
$(3x-1)(x+1)=0$
$x=\dfrac{1}{3},\ \boxed{エ}$
よって，共有点の座標は
$(-1,\ \boxed{オ}),\ \left(\dfrac{1}{3},\ \boxed{カ}\right)$

(3) 2次方程式 $4x^2-4x+1=0$ を解くと
$(\boxed{キ}x-1)^2=0$ より
$x=\dfrac{1}{\boxed{ク}}$
よって，共有点の座標は
$\left(\dfrac{1}{\boxed{ク}},\ \boxed{ケ}\right)$
← x 軸との接点

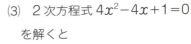

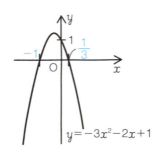

<左ページの問題の答え>
問題1 (1)ア4 イ4 ウ0
(2)エ−1 オ0 カ0
(3)キ2 ク2 ケ0

基本練習 → 答えは別冊12ページ

次の2次関数のグラフと x 軸の共有点の座標を求めよ。

(1) $y = x^2 - 7x - 18$　　(2) $y = -2x^2 - 5x - 2$　　(3) $y = 4x^2 - 12x + 9$

2次関数 $y = ax^2 + bx + c$ のグラフと x 軸の位置関係

判別式 D の値によって x 軸との位置関係がわかります。

判別式 D の符号	$D>0$	$D=0$	$D<0$
$a>0$ のとき		接点	
$a<0$ のとき		接点	
共有点の個数	2個	1個	0個
グラフと x 軸の位置関係	異なる2点で交わる	接する	共有点はない

ステップアップ

38 2次不等式(1)

2章 2次関数　　　　　　　　　　　　　グラフと2次不等式①

移項して整理することにより，$x^2-3x+2>0$，$x^2-6x+8<0$ などのように，左辺が x の2次式，右辺が 0 になる不等式を x の **2次不等式** といいます。

2次不等式は，2次関数のグラフを利用して解くことができます。

たとえば，$x^2-3x+2>0$ を考えてみましょう。

この式を，$y=x^2-3x+2$，$y=0$ に分けて，グラフで表してみます。

$$y=\left(x-\frac{3}{2}\right)^2-\frac{9}{4}+2$$

$$=\left(x-\frac{3}{2}\right)^2-\frac{1}{4}\ \text{より，軸}\ x=\frac{3}{2}，\text{頂点}\left(\frac{3}{2},\ -\frac{1}{4}\right)\text{の放物線になりますね。}$$

この放物線が，直線 $y=0$ と交わるのは，$x^2-3x+2=0$ のとき，つまり $(x-2)(x-1)=0$ より $x=2, 1$ のときです。グラフより，$x^2-3x+2>0$ になるのは，$x<1$，$2<x$ のときですね。

問題1　次の2次不等式を解きましょう。
(1) $x^2-4x-5<0$　　(2) $x^2-2x-1\leqq 0$

---

(1) まず，$y=x^2-4x-5$ が，$y=0$ のときの値（つまり，x 軸との交点）を求めます。

$x^2-4x-5=0$ を解くと，$(x+1)(x-5)=0$ より

$x=-1,\ \boxed{\text{ア}}$

これより，$y=x^2-4x-5$ のグラフと x 軸の交点は，$(-1, 0)$，$(5, 0)$

右のグラフから $y<0$ となる x の値の範囲は $\boxed{\text{イ}}<x<5$

よって，2次不等式 $x^2-4x-5<0$ の解は $\boxed{\text{ウ}}<x<\boxed{\text{エ}}$

(2) 2次方程式 $x^2-2x-1=0$ を
解の公式を使って解くと　$x=\dfrac{-(-2)\pm\sqrt{(-2)^2-4\cdot 1\cdot(-1)}}{2\cdot 1}=\boxed{\text{オ}}\pm\sqrt{2}$

　↑ $x=\dfrac{-b\pm\sqrt{b^2-4ac}}{2a}$

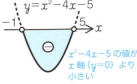

右のグラフから，$y\leqq 0$ となる x の値の範囲は

$\boxed{\text{カ}}-\sqrt{2}\leqq x\leqq \boxed{\text{キ}}+\sqrt{2}$

よって，2次不等式 $x^2-2x-1\leqq 0$ の解は

$\boxed{\text{カ}}-\sqrt{2}\leqq x\leqq \boxed{\text{キ}}+\sqrt{2}$

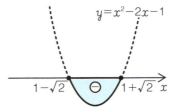

<左ページの問題の答え>
問題1 (1)ア 5　イ -1　ウ -1　エ 5
(2)オ 1　カ 1　キ 1

基本練習　→答えは別冊12ページ

次の2次不等式を解け。

(1) $x^2-5x-6 \leqq 0$

(2) $x^2-4x+1>0$

x軸と2点で交わるときの2次不等式の解

$a>0$ とする2次方程式 $ax^2+bx+c=0$ の2つの解を α, β ($\alpha<\beta$) とすると

$ax^2+bx+c>0$ の解は $x<\alpha$, $\beta<x$
($ax^2+bx+c\geqq0$ の解は $x\leqq\alpha$, $\beta\leqq x$)
$ax^2+bx+c<0$ の解は $\alpha<x<\beta$
($ax^2+bx+c\leqq0$ の解は $\alpha\leqq x\leqq\beta$)

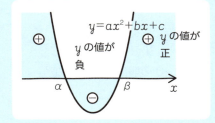

ステップアップ

39 2次不等式(2)

2章 2次関数　　グラフと2次不等式②

これまでは，2次関数のグラフが x 軸と交わる場合について考えてきました。ここでは，x 軸と接する場合と，共有点をもたない場合を，$y=ax^2+bx+c$（$a>0$）のグラフで見てみましょう。

(1) 2次関数のグラフが x 軸と接する場合

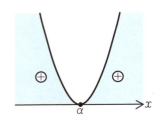

・接点（$x=\alpha$）以外のすべての y の値が正。
・$ax^2+bx+c=0$ で重解 α をもつ。
　（つまり，$b^2-4ac=0$）

(2) 2次関数のグラフが x 軸と共有点をもたない場合

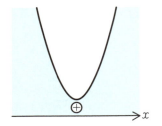

・すべての y の値が正。
・$ax^2+bx+c=0$ を満たす実数解はなく，x 軸との接点・交点はない。
　（つまり，$b^2-4ac<0$）

このように，x 軸との接点・交点を調べるためには，グラフがどのような形になるか調べると，わかりやすいです。それでは，問題を解きながら考えてみましょう。

問題1　2次不等式 $x^2-4x+4>0$ を解きましょう。

2次関数 $y=x^2-4x+4$ は $y=(x-\boxed{ア})^2$ と変形できるので，頂点（$\boxed{ア}$, 0）の下に凸の放物線です。

右のグラフから，$\boxed{イ}$ 以外の x の値に対して $y>0$ であるから，

2次不等式 $x^2-4x+4>0$ の解は $\boxed{ウ}$ 以外のすべての実数

※ 2次不等式 $x^2-4x+4<0$ の解はなし（x^2-4x+4 が負になるような x の値はない）。

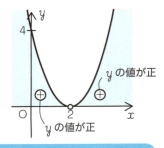

問題2　2次不等式 $x^2-4x+5>0$ を解きましょう。

2次関数 $y=x^2-4x+5$ は $y=(x-\boxed{エ})^2+\boxed{オ}$ と変形できるので，頂点（$\boxed{エ}$, $\boxed{オ}$）の下に凸の放物線です。

右のグラフから，つねに $y>0$ であるから，

2次不等式 $x^2-4x+5>0$ の解は　すべての $\boxed{カ}$

※ 2次不等式 $x^2-4x+5<0$ の解はなし。

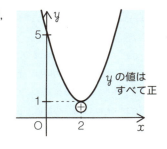

<左ページの問題の答え>

問題1 ア2 イ2 ウ2
問題2 エ2 オ1 カ実数

基本練習 → 答えは別冊12ページ

次の2次不等式を解け。

(1) $x^2 - 6x + 9 \geqq 0$

(2) $x^2 + 2x + 2 < 0$

2次不等式の応用

2次不等式 $x^2 + mx + 3m - 5 > 0$ の解がすべての実数であるとき，定数 m の値の範囲を求めましょう。

$y = x^2 + mx + 3m - 5$ は，x^2 の係数が正より，下に凸のグラフ
↓
$x^2 + mx + 3m - 5 > 0$ を満たす解がすべての実数である。
↓
x 軸との接点，交点がない。

↓
$D = b^2 - 4ac < 0$，つまり
$m^2 - 4 \cdot 1 \cdot (3m - 5) < 0$
$m^2 - 12m + 20 < 0$
$(m - 2)(m - 10) < 0$
よって $2 < m < 10$

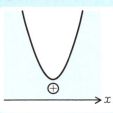

ステップアップ

087

40 連立不等式

2章 2次関数　　　連立不等式

2つ以上の不等式を組合せたものを連立不等式といいましたね。では，2次不等式の連立不等式を解いてみましょう。解を数直線上に示し，共通な部分を見つけるとわかりやすいです。

問題1 連立不等式 $\begin{cases} x^2-2x>0 & \cdots① \\ x^2-3x-4<0 & \cdots② \end{cases}$ を解きましょう。

①を解くと $x(x-2)>0$ より
$x<\boxed{ア}$, $\boxed{イ}<x$

②を解くと $(x+\boxed{ウ})(x-\boxed{エ})<0$ より
$\boxed{オ}<x<\boxed{カ}$

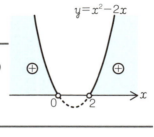
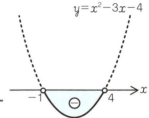

連立不等式の解は①の解と②の解を満たす範囲になるので，右の数直線より
$-1<x<\boxed{キ}$, $\boxed{ク}<x<4$

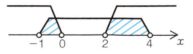

問題2 連立不等式 $\begin{cases} 2x^2-5x+1\leqq0 & \cdots① \\ x^2-4<0 & \cdots② \end{cases}$ を解きましょう。

①の左辺は因数分解できないので
$2x^2-5x+1=0$ を解の公式を使って解くと
$$x=\frac{-(-5)\pm\sqrt{(-5)^2-4\cdot2\cdot1}}{2\cdot2}=\frac{5\pm\sqrt{\boxed{ケ}}}{4}$$

したがって，①を解くと
$$\frac{5-\sqrt{\boxed{コ}}}{4}\leqq x\leqq\frac{5+\sqrt{\boxed{サ}}}{4}$$

②を解くと $(x+2)(x-2)<0$ より
$\boxed{シ}<x<2$

連立不等式の解は①の解と②の解を満たす範囲になるので，右の数直線より
$\frac{5-\sqrt{17}}{4}\boxed{ス}x\boxed{セ}2$

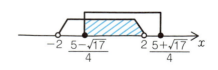

<左ページの問題の答え>
問題1 ア0 イ2 ウ1 エ4 オ-1 カ4 キ0 ク2
問題2 ケ17 コ17 サ17 シ-2 ス≦ セ<

基本練習 → 答えは別冊12ページ

次の連立不等式を解け。

(1) $\begin{cases} x^2-x-6<0 \\ x^2-x-2\geqq 0 \end{cases}$

(2) $\begin{cases} x^2-4x+3>0 \\ x^2-2x-2\leqq 0 \end{cases}$

絶対値を含む不等式を解こう

不等式 $|x-2|<3$ を解いてみましょう。
絶対値をはずすと $-3<x-2<3$
$-3<x-2$ …① と $x-2<3$ …② に分けて考えます。
①について，$-3<x-2$ より $-1<x$
②について，$x-2<3$ より $x<5$
よって $-1<x<5$

共通テスト対策問題にチャレンジ

2章　2次関数

→ 答えは別冊 13 ページ

1. aとbはともに正の実数とする。xの2次関数$y=x^2+(2a-b)x+a^2+1$のグラフをGとする。

(1)　グラフGの頂点の座標は，$\left(\dfrac{b}{\boxed{ア}} - a, \ -\dfrac{b^2}{\boxed{イ}} + ab + \boxed{ウ} \right)$ である。

(2)　グラフGがx軸と共有点をもつとき，bのとりうる値の範囲は，

$b \geqq \boxed{エ}\, a + \boxed{オ} \sqrt{a^2 + \boxed{カ}}$ である。

(3)　グラフGがx軸に接し，かつ$a=\sqrt{3}$のとき，$b = \boxed{キ} + \boxed{ク}\sqrt{\boxed{ケ}}$ であり，グラフG

とx軸との接点のx座標は $\boxed{コ}$ である。このとき，$0 \leqq x \leqq \sqrt{3}$ において，yの最大値は

$\boxed{サ}$ であり，yの最小値は，$\boxed{シ} - \boxed{ス}\sqrt{\boxed{セ}}$ である。

(4)　グラフGが点$(-1, 6)$を通るとき，bのとり得る値の最大値は $\boxed{ソ}$ であり，そのときのa

の値は $\boxed{タ}$ である。

　　$b = \boxed{ソ}$，$a = \boxed{タ}$ のとき，グラフGは2次関数$y=x^2$のグラフをx軸方向に $\dfrac{\boxed{チ}}{\boxed{ツ}}$，

y軸方向に $\dfrac{\boxed{テト}}{\boxed{ナ}}$ だけ平行移動したものである。

（センター試験本試）

2

2次関数 $y=-x^2+2x+2$ ……① のグラフの頂点の座標は (ア , イ) である。また，$y=f(x)$ は x の2次関数で，そのグラフは，①のグラフを x 軸方向に p，y 軸方向に q だけ平行移動したものであるとする。

(1) $2≦x≦4$ における $f(x)$ の最大値が $f(2)$ になるような p の値の範囲を不等号を使って表すと， ウ であり，最小値が $f(2)$ になるような p の値の範囲を不等号を使って表すと， エ である。

(2) 2次不等式 $f(x)>0$ の解が $-2<x<3$ になるのは，$p=\dfrac{オカ}{キ}$，$q=\dfrac{クケ}{コ}$ のときである。

(センター試験本試)

3

a を定数とし，次の2つの関数を考える。
$f(x)=(1-2a)x^2+2x-a-2$
$g(x)=(a+1)x^2+ax-1$

(1) 関数 $y=g(x)$ のグラフが直線になるのは，$a=$ アイ のときである。
このとき，関数 $y=f(x)$ のグラフと x 軸との交点の x 座標は ウエ と $\dfrac{オ}{カ}$ である。

(2) 方程式 $f(x)+g(x)=0$ がただ1つの実数解をもつのは，a の値が
$$\pm\dfrac{キ\sqrt{クケ}}{コ},\ サ$$
のときである。

(センター試験追試)

41 3章 図形と計量　正接・正弦・余弦　三角比

この章では，角と辺の比の関係について学習します。

異なる直角三角形の2つの鋭角が等しいとき，辺の長さに関係なく，辺の比は一定になります。たとえば，右図の△ABC，△AB'C'では，$\dfrac{BC}{AB}=\dfrac{B'C'}{AB'}$です。このとき，辺の比は三角形の大きさに関係なく∠Aの大きさによって決まります。このような比のことを三角比といいます。三角比には，次の3つがあります。

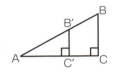

$\sin A = \dfrac{BC}{AB}\left(\dfrac{対辺}{斜辺}\right)$ …Aのサインまたは正弦

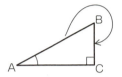

$\cos A = \dfrac{AC}{AB}\left(\dfrac{底辺}{斜辺}\right)$ …Aのコサインまたは余弦

$\tan A = \dfrac{BC}{AC}\left(\dfrac{対辺}{底辺}\right)$ …Aのタンジェントまたは正接

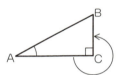

問題 1 次の直角三角形ABCで，$\sin A$，$\cos A$，$\tan A$の値を求めましょう。

(1) 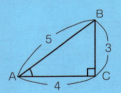　　(2)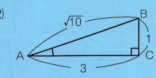

---

(1) $\sin A = \dfrac{BC}{AB} = \dfrac{\boxed{ア}}{5}$

$\cos A = \dfrac{AC}{AB} = \dfrac{\boxed{イ}}{5}$

$\tan A = \dfrac{BC}{AC} = \dfrac{3}{\boxed{ウ}}$

(2) $\sin A = \dfrac{BC}{AB} = \dfrac{1}{\sqrt{\boxed{エ}}} = \dfrac{\sqrt{10}}{\boxed{オ}}$

$\cos A = \dfrac{AC}{AB} = \dfrac{\boxed{カ}}{\sqrt{10}} = \dfrac{3\sqrt{\boxed{キ}}}{10}$　分母の有理化

$\tan A = \dfrac{BC}{AC} = \dfrac{1}{\boxed{ク}}$

<左ページの問題の答え>
問題1 (1)ア 3　イ 4　ウ 4
(2)エ 10　オ 10　カ 3　キ 10　ク 3

基本練習　→答えは別冊14ページ

次の直角三角形 ABC で，sin A，cos A，tan A の値を求めよ。

(1)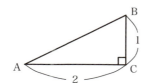

(2)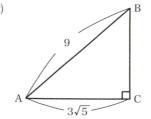

30°，45°，60° の三角比

A=30°，45°，60° のときの sin A，cos A，tan A の値は右の表のようになります。

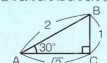

A	30°	45°	60°
sin A	$\dfrac{1}{2}$	$\dfrac{1}{\sqrt{2}}$	$\dfrac{\sqrt{3}}{2}$
cos A	$\dfrac{\sqrt{3}}{2}$	$\dfrac{1}{\sqrt{2}}$	$\dfrac{1}{2}$
tan A	$\dfrac{1}{\sqrt{3}}$	1	$\sqrt{3}$

※ 三角比表を使うと，1°きざみのすべての角度の三角比の値を求めることができる。(→ P.125)

ステップアップ

42 三角比の相互関係

3章 図形と計量　　　　三角比の相互関係①

三角比 $\sin A$, $\cos A$, $\tan A$ の間には，右のような関係が成り立ちます。

では $\sin A = \dfrac{1}{3}$ のとき，$\cos A$ と $\tan A$ を求めてみましょう。ただし，A は鋭角とします。

$\sin A = \dfrac{1}{3}$ を $\underline{\sin^2 A + \cos^2 A = 1}$ に代入すると

$\left(\dfrac{1}{3}\right)^2 + \cos^2 A = 1$ 　　$\cos^2 A = 1 - \dfrac{1}{9} = \dfrac{8}{9}$

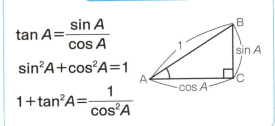

三角比の相互関係

$\tan A = \dfrac{\sin A}{\cos A}$

$\sin^2 A + \cos^2 A = 1$

$1 + \tan^2 A = \dfrac{1}{\cos^2 A}$

※ $(\sin\theta)^2$, $(\cos\theta)^2$, $(\tan\theta)^2$ をそれぞれ $\sin^2\theta$, $\cos^2\theta$, $\tan^2\theta$ とかきます。

A が鋭角のとき，$\cos A > 0$ なので　$\cos A = \dfrac{\sqrt{8}}{3} = \dfrac{2\sqrt{2}}{3}$

→ 右ページの「ステップアップ」で解説

$\underline{\tan A = \dfrac{\sin A}{\cos A}}$ に代入すると　$\tan A = \dfrac{1}{3} \div \dfrac{2\sqrt{2}}{3} = \dfrac{1}{3} \times \dfrac{3}{2\sqrt{2}}$

$= \dfrac{1}{2\sqrt{2}} = \dfrac{\sqrt{2}}{4}$

三角比の相互関係を利用すると，1つの値から，他の2つの三角比を求めることができます。

問題1　A が鋭角で，$\sin A = \dfrac{4}{5}$ のとき，$\cos A$, $\tan A$ の値を求めてみましょう。

$\sin^2 A + \cos^2 A = 1$ であるから
$\cos^2 A = 1 - \sin^2 A = 1 - \left(\dfrac{4}{5}\right)^2$ ← $\sin A$ の値を代入する

$= \dfrac{\boxed{ア}}{25}$

A が鋭角のとき，$\cos A > 0$ であるから，$\cos^2 A = \dfrac{\boxed{ア}}{25}$ より

$\cos A = \dfrac{\boxed{イ}}{5}$

$\cos^2 A = \left(\dfrac{\triangle}{\bigcirc}\right)^2$
↓
$\cos A = \pm \dfrac{\triangle}{\bigcirc}$

また　$\tan A = \dfrac{\sin A}{\cos A} = \dfrac{4}{5} \div \dfrac{\boxed{ウ}}{5} = \dfrac{4}{5} \times \dfrac{5}{\boxed{ウ}} = \dfrac{4}{\boxed{エ}}$

問題1 は次のようにも考えられます。右の図のように，$\sin A = \dfrac{4}{5}$ となるような直角三角形 ABC をかきます。三平方の定理により　$AC = \sqrt{5^2 - 4^2} = \sqrt{9} = 3$

よって　$\cos A = \dfrac{3}{5}$, $\tan A = \dfrac{4}{3}$

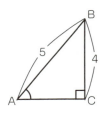

094

<左ページの問題の答え>
問題1 ア9 イ3 ウ3 エ3

基本練習 →答えは別冊14ページ

A が鋭角で，$\cos A = \dfrac{1}{3}$ のとき，$\sin A$，$\tan A$ の値を求めよ。

三角比の正負

原点を中心とする半径が1の円で考えると，$\sin\theta$，$\cos\theta$，$\tan\theta$ の符号は次のようになります。

θ	0°	鋭角	90°	鈍角	180°
$\sin\theta$	0	+	1	+	0
$\cos\theta$	1	+	0	−	−1
$\tan\theta$	0	+		−	0

$\sin\theta$

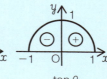
$\cos\theta$

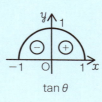
$\tan\theta$

ステップアップ

43 0°≦θ≦180°の三角比の値

3章 図形と計量　　座標を用いた三角比の定義

右の図のように，点 O を原点とする座標平面上で，三角比を考えてみましょう。
点 P の座標を (x, y) とすると，三角比は，以下のように表されます。

$$\sin\theta = \frac{y}{r}, \quad \cos\theta = \frac{x}{r}, \quad \tan\theta = \frac{y}{x}$$

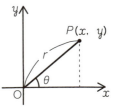

そこであらためて，$0° \leqq \theta \leqq 180°$ のときの三角比も以下のように表します。

$$\sin\theta = \frac{y}{r}, \quad \cos\theta = \frac{x}{r}, \quad \tan\theta = \frac{y}{x}$$

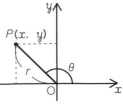

※ θはシータと読みます。θ＝90°のときは $x=0$ であるから，tan 90°は定義されません。

このように，0°から180°までに拡張した三角比も r の大きさにかかわらず角 θ の大きさだけによって定まります。

問題 1　120°の三角比の値を求めてみましょう。

120°の三角比を求めるために，まず座標平面上で考えてみましょう。
120°の角をつくる点を P とおき，点 $P(x, y)$ の座標の値を求めます。
180°−120°＝60°より，3辺の長さの比がわかります。
右の図のように，半径 [ア] の半円上で考えると，
点 P の座標は $(-1, \sqrt{[イ]})$ となります。

よって

$$\sin 120° = \frac{y}{r} = \frac{\sqrt{[ウ]}}{2}$$

$$\cos 120° = \frac{x}{r} = -\frac{[エ]}{2}$$

$$\tan 120° = \frac{y}{x} = -\sqrt{[オ]}$$

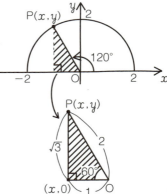

<左ページの問題の答え>
問題1 ア2 イ3 ウ3 エ1 オ3

基本練習 →答えは別冊14ページ

次の角の三角比の値を求めよ。

(1) $135°$ (2) $150°$

90°−Aの三角比は？

右の図1の直角三角形で，$\sin A = \dfrac{a}{c}$, $\cos A = \dfrac{b}{c}$, $\tan A = \dfrac{a}{b}$ です。（図1）
また，右の図2のように向きをかえた同じ直角三角形で
$\sin B = \dfrac{b}{c}$, $\cos B = \dfrac{a}{c}$, $\tan B = \dfrac{b}{a}$ です。
ここで，$B = 90°-A$ であるから，次の公式が成り立ちます。
$\sin B = \cos A = \dfrac{b}{c}$ より $\sin(90°-A) = \cos A$，$\sin A = \cos B = \dfrac{a}{c}$ より $\cos(90°-A) = \sin A$
$\tan B = \dfrac{1}{\tan A} = \dfrac{b}{a}$ より $\tan(90°-A) = \dfrac{1}{\tan A}$

（図1）

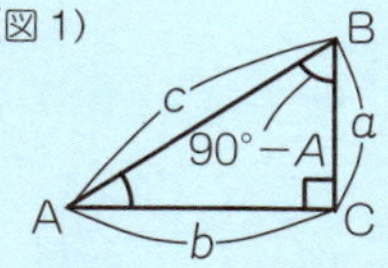

（図2）

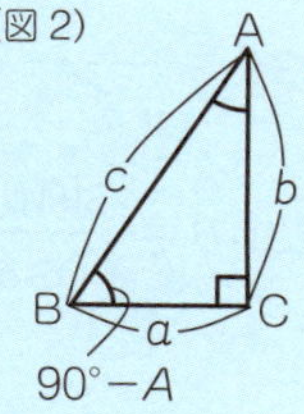

ステップアップ

44 三角比の相互関係（鈍角）

3章 図形と計量　　三角比の相互関係②

原点Oを中心とする半径1の半円上では，x座標，y座標を三角比で表すとどのようになるでしょう。

右の図のように，角θによって定まる点Pの座標を(x, y)とすると

$x = \cos\theta$ （考え方　$\cos\theta = \dfrac{x}{OP}$ ← 長さ1）

$y = \sin\theta$ （考え方　$\sin\theta = \dfrac{y}{OP}$ ← 長さ1）　となります。

原点を中心とする半径1の円を**単位円**といいます。

このとき，三平方の定理より，$x^2 + y^2 = 1$ が成り立つので

　$\cos^2\theta + \sin^2\theta = 1$ （$0° \leq \theta \leq 180°$）

また，$\cos^2\theta + \sin^2\theta = 1$ の両辺を $\cos^2\theta$ で割ると

　$1 + \left(\dfrac{\sin\theta}{\cos\theta}\right)^2 = \dfrac{1}{\cos^2\theta}$

よって　$1 + \tan^2\theta = \dfrac{1}{\cos^2\theta}$ が成り立ちます。

問題1

$\sin\theta = \dfrac{5}{13}$ のとき，$\cos\theta$，$\tan\theta$ の値を求めてみましょう。
ただし，$90° \leq \theta \leq 180°$ とします。

$\sin^2\theta + \cos^2\theta = 1$ より

$\cos^2\theta = 1 - \sin^2\theta$

$= 1 - \left(\dfrac{5}{13}\right)^2$

$= \dfrac{\boxed{ア}}{169}$

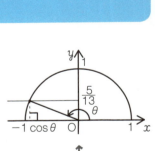

90°≦θ≦180°なので，
第1象限は考えない

$90° \leq \theta \leq 180°$のとき，$\cos\theta \leq 0$ であるから

$\cos\theta = -\dfrac{12}{\boxed{イ}}$　← $\cos\theta$の符号に注意

また　$\tan\theta = \dfrac{\sin\theta}{\cos\theta} = \dfrac{5}{13} \div \left(-\dfrac{12}{\boxed{イ}}\right)$

$= -\dfrac{5}{\boxed{ウ}}$

<左ページの問題の答え>
問題1 ア 144 イ 13 ウ 12

基本練習 → 答えは別冊14ページ

$\cos\theta = -\dfrac{2}{3}$ のとき，$\sin\theta$，$\tan\theta$ の値を求めよ。
ただし，$0° \leqq \theta \leqq 180°$ とする。

180°−θ の三角比

180°−θ の三角比と θ の三角比には次の関係が成り立ちます。

$\sin(180°-\theta) = \sin\theta$,　$\cos(180°-\theta) = -\cos\theta$,　$\tan(180°-\theta) = -\tan\theta$

　sin は y の値。　　　　cos は x の値。　　　　鈍角になったとき，
　鈍角になっても y の　　鈍角になったとき，　　 x の値は負になる，
　値は正，と覚える　　　x の値は負，と覚える　　と覚える

例　$\sin 145° = \sin(180°-35°) = \sin 35°$
　　$\cos 108° = \cos(180°-72°) = -\cos 72°$
　　$\tan 125° = \tan(180°-55°) = -\tan 55°$

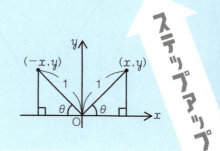

ステップアップ

45 三角比の値から角を求めよう

3章 図形と計量　　三角比と角

これまでは，ある角度の三角比を求めてきました。ここでは逆に，三角比がわかっているとき，その角度はどのようにして求めるのかを考えてみましょう。

$0° \leq \theta \leq 180°$ のとき，$\sin\theta = \dfrac{1}{2}$ を満たす θ を求めます。

半径 1 の半円で考えたとき，$\sin\theta$ は y 座標の値になります。
よって，$\sin\theta = \dfrac{1}{2}$ を y 座標にとると右の図 1 のようになります。

このときの角度を求めればよいのです。直角三角形をとり出して考えると，右の図 2 から，求める角度は
　　$\theta = 30°,\ 150°$　←　$180° - 30°$

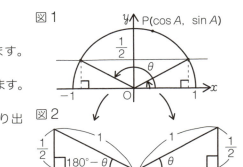

図 1

図 2

問題 1　$0° \leq \theta \leq 180°$ のとき，次の等式を満たす角 θ を求めてみましょう。
(1)　$\sin\theta = \dfrac{\sqrt{3}}{2}$
(2)　$\cos\theta = -\dfrac{1}{\sqrt{2}}$

---

(1) 半径 1 の半円上で，角 θ によって定まる点は，$\sin\theta = \dfrac{\sqrt{3}}{2}$ より，y の値が $\dfrac{\sqrt{3}}{2}$ となる，2 点 P，P′ です。

(2) 半径 1 の半円上で，角 θ によって定まる点は，$\cos\theta = -\dfrac{1}{\sqrt{2}}$ より，x の値が $-\dfrac{1}{\sqrt{2}}$ となる点 P です。

このときの角 θ を求めると

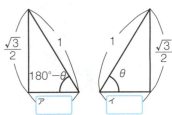

よって　$\theta = 60°,\ $ ウ 　°。

このときの角 θ を求めると

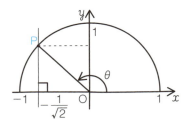

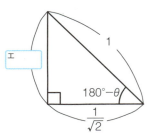

よって　$\theta = $ オ 　°。

<左ページの問題の答え>
問題1 (1)ア $\frac{1}{2}$ イ $\frac{1}{2}$ ウ 120 (2)エ $\frac{1}{\sqrt{2}}$ オ 135

基本練習 → 答えは別冊15ページ

$0° \leqq \theta \leqq 180°$ のとき，次の等式を満たす角 θ を求めよ。

(1) $\sin\theta = \dfrac{1}{\sqrt{2}}$

(2) $\cos\theta = -\dfrac{\sqrt{3}}{2}$

---

tanθの値からsinθ，cosθの値を求めよう

$\tan\theta = -3$ （$0° \leqq \theta \leqq 180°$）のとき，$\cos\theta$ の値を求めてみましょう。

$1 + \tan^2\theta = \dfrac{1}{\cos^2\theta}$ より $\cos^2\theta = \dfrac{1}{1+\tan^2\theta} = \dfrac{1}{1+(-3)^2} = \dfrac{1}{10}$

$\tan\theta < 0$ より $90° < \theta < 180°$ であるから $\cos\theta < 0$

よって $\cos\theta = -\dfrac{1}{\sqrt{10}} = -\dfrac{\sqrt{10}}{10}$

さらに，$\tan\theta = \dfrac{\sin\theta}{\cos\theta}$ より，$\sin\theta = \dfrac{3\sqrt{10}}{10}$ が得られます。

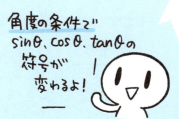

角度の条件で sinθ, cosθ, tanθ の符号が変わるよ！

ステップアップ

46 正弦定理

3章 図形と計量

△ABC において頂点 A，B，C の対辺 BC，CA，AB の長さをそれぞれ a，b，c で表し，∠A，∠B，∠C の大きさを，それぞれ A，B，C で表すことにします。

三角形の3つの頂点を通る円を，その三角形の<u>外接円</u>といいます。

△ABC の外接円の半径を R とすると，次の<u>正弦定理</u>が成り立ちます。

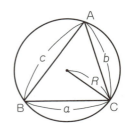

正弦定理

$$\frac{a}{\sin A} = \frac{b}{\sin B} = \frac{c}{\sin C} = 2R \quad (R は△ABC の外接円の半径)$$

正弦定理を用いると，三角形の1辺とその両端の角がわかっているとき，他の2辺を求めることができます。

問題1 △ABC において，$A=60°$，$B=75°$，$c=3\sqrt{2}$ のとき，a の値と△ABC の外接円の半径 R を求めましょう。

$A=60°$，$B=75°$ より
$\quad C = 180° - (60° + 75°)$
$\quad\quad = 45°$

正弦定理により $\dfrac{a}{\sin 60°} = \dfrac{3\sqrt{2}}{\sin 45°}$ ← $\dfrac{a}{\sin A} = \dfrac{c}{\sin C}$ が成り立つ

よって $a = \dfrac{3\sqrt{2}}{\sin 45°} \times \sin 60° = 3\sqrt{2} \div \sin 45° \times \sin 60°$

$\quad\quad = 3\sqrt{2} \div \dfrac{1}{\sqrt{ア}} \times \dfrac{\sqrt{イ}}{2}$

$\quad\quad = 3\sqrt{2} \times \sqrt{ウ} \times \dfrac{\sqrt{イ}}{2}$

$\quad\quad = 3\sqrt{エ}$

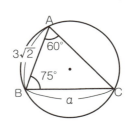

また，正弦定理により $\dfrac{3\sqrt{2}}{\sin 45°} = 2R$ ← $\dfrac{c}{\sin C} = 2R$ が成り立つ

よって $R = \dfrac{3\sqrt{2}}{2\sin 45°} = \dfrac{3\sqrt{2}}{2} \div \dfrac{1}{\sqrt{2}}$

$\quad\quad = \dfrac{3\sqrt{2}}{2} \times \sqrt{2} = \boxed{オ}$

<左ページの問題の答え>
問題1　ア2　イ3　ウ2　エ3　オ3

基本練習　→答えは別冊15ページ

△ABC において，$A=30°$，$C=135°$，$c=4$ のとき，a の値と△ABC の外接円の半径 R を求めよ。

正弦定理を比の関係で表そう

$\dfrac{a}{x}=\dfrac{b}{y}=\dfrac{c}{z}$ のように，比の値が等しいことを示す等式を比例式といいます。

正弦定理　$\dfrac{a}{\sin A}=\dfrac{b}{\sin B}=\dfrac{c}{\sin C}$　を比の形でかくと

　　$a:\sin A=b:\sin B=c:\sin C$

となります。
　この比の関係を　$a:b:c=\sin A:\sin B:\sin C$　とかくこともあります。

47 余弦定理

3章 図形と計量

三角形の辺の長さと角の大きさとの間には、余弦定理が成り立ちます。

この余弦定理を用いると、三角形で、2辺の長さとその間の角の大きさがわかっているとき、残りの辺の長さを求めることができます。

また、三角形の3辺の長さがわかっている場合、cosの値と角度を求めることができます。

余弦定理
$a^2 = b^2 + c^2 - 2bc \cos A$
$b^2 = c^2 + a^2 - 2ca \cos B$
$c^2 = a^2 + b^2 - 2ab \cos C$

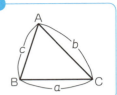

問題1 △ABC において、$A=60°$, $b=8$, $c=6$ のとき、a の値を求めましょう。

余弦定理 $a^2 = b^2 + c^2 - 2bc \cos A$ に、
$b=8$, $c=6$, $A=60°$ を代入して

$a^2 = \boxed{ア}^2 + 6^2 - 2 \cdot 8 \cdot \boxed{イ} \cos 60°$

$= 64 + 36 - 96 \cdot \dfrac{1}{\boxed{ウ}}$

$= \boxed{エ}$

$a>0$ であるから $a = 2\sqrt{\boxed{オ}}$ ← 辺の長さだから $a>0$

また、余弦定理は、次のようにして用いることがあります。

$\cos A = \dfrac{b^2+c^2-a^2}{2bc}$, $\cos B = \dfrac{c^2+a^2-b^2}{2ca}$, $\cos C = \dfrac{a^2+b^2-c^2}{2ab}$

問題2 △ABC において、$a=7$, $b=8$, $c=5$ のとき、A の値を求めましょう。

余弦定理を変形して、$\cos A = \dfrac{b^2+c^2-a^2}{2bc}$ にそれぞれの辺の値を代入します。

$\cos A = \dfrac{\boxed{カ}^2+5^2-7^2}{2 \cdot 8 \cdot 5}$ ← 余弦定理に a, b, c の値を代入

$= \dfrac{\boxed{キ}}{80}$

$= \dfrac{1}{2}$

$0° < A < 180°$ であるから ← 三角形の1つの角は $0° < A < 180°$

$A = \boxed{ク}°$

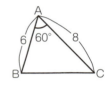

<左ページの問題の答え>
問題1 ア 8 イ 6 ウ 2 エ 52 オ 13
問題2 カ 8 キ 40 ク 60

基本練習 →答えは別冊 15 ページ

△ABC において，$C=45°$，$a=3$，$b=2\sqrt{2}$ のとき，c の値を求めよ。

最大角と最大辺

△ABC において，角の大小と対辺の大小とは一致します。
よって $A>B \iff a>b$
とくに，最大辺の対角が最大角となります。

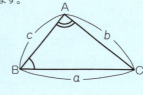

48 三角形の面積

3章 図形と計量

三角形の面積

三角形の2辺の長さとその間の角の大きさがわかっているとき，面積を求めることができます。

右図より，高さ $h = b\sin A$ であるから，面積 S は

$$S = \frac{1}{2}ch = \frac{1}{2}bc\sin A$$

となりますね。

三角形の底辺を $b \cdot c$ とみると，それぞれの辺について公式を求めることができます。

また，鈍角の場合も，同じように求めることができます。

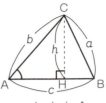
$h = b\sin A$

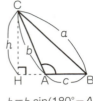
$h = b\sin(180°-A)$
$= b\sin A$

三角形の面積

$$S = \frac{1}{2}bc\sin A = \frac{1}{2}ca\sin B = \frac{1}{2}ab\sin C$$

問題1 △ABC において，$b=7$，$c=8$，$A=60°$ のとき，△ABC の面積 S を求めましょう。

三角形の面積の公式より

$$S = \frac{1}{2}bc\sin A = \frac{1}{2} \cdot 7 \cdot 8 \cdot \sin 60° = 28 \cdot \frac{\sqrt{ア}}{2} = \boxed{イ}\sqrt{ウ}$$

次は3辺の長さがわかっている場合について，三角形の面積を求めてみましょう。

問題2 △ABC において，$a=4$，$b=3$，$c=2$ のとき，次の値を求めましょう。
(1) $\cos A$　　(2) $\sin A$　　(3) △ABC の面積 S

(1) 余弦定理により　$\cos A = \dfrac{3^2 + 2^2 - \boxed{エ}^2}{2 \cdot 3 \cdot 2} = -\dfrac{1}{\boxed{オ}}$　　← 余弦定理 $\cos A = \dfrac{b^2+c^2-a^2}{2bc}$ (→P.104)

(2) $\sin^2 A + \cos^2 A = 1$　より　$\sin^2 A = 1 - \cos^2 A$　　← 三角比の相互関係 (→P.94)

$$= 1 - \left(-\frac{1}{\boxed{カ}}\right)^2$$

$$= \frac{\boxed{キ}}{16}$$

$\sin A > 0$ であるから　$\sin A = \dfrac{\sqrt{\boxed{ク}}}{4}$

(3) 三角形の面積の公式より　$S = \dfrac{1}{2} \cdot 3 \cdot 2 \cdot \dfrac{\sqrt{\boxed{ク}}}{4} = \dfrac{3\sqrt{\boxed{ク}}}{\boxed{ケ}}$　　← $S = \dfrac{1}{2}bc\sin A$ を用いた

<左ページの問題の答え>
問題1 ア3 イ14 ウ3
問題2 (1)エ4 オ4 (2)カ4 キ15 ク15 (3)ケ4

基本練習　→ 答えは別冊 15 ページ

△ABC において，$a=9$，$b=8$，$c=7$ のとき，次の値を求めよ。

(1) $\cos C$

(2) $\sin C$

(3) △ABC の面積 S

四角形の面積

右図のような四角形 ABCD の面積 S を，2 つの三角形に分け，sin の値を利用して求めます。

△ACB の面積 $= \dfrac{1}{2} \cdot 6 \cdot 3 \cdot \dfrac{\sqrt{3}}{2} = \dfrac{9\sqrt{3}}{2}$ ← $S = \dfrac{1}{2} ca \sin B$ に代入

次に余弦定理を利用して，AC を求めます。　$AC^2 = 6^2 + 3^2 - 2 \cdot 6 \cdot 3 \cos 60° = 27$

これより $AC = 3\sqrt{3}$ なので　△ADC の面積 $= \dfrac{1}{2} \cdot 3\sqrt{3} \cdot 2 \cdot \dfrac{1}{\sqrt{2}} = \dfrac{3\sqrt{6}}{2}$

よって　四角形 ABCD の面積 $S = \dfrac{9\sqrt{3} + 3\sqrt{6}}{2}$

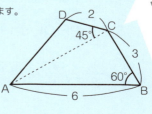

ステップアップ

49 空間図形の計量

3章 図形と計量

空間図形の計量

空間図形の問題は，平面図形をとり出して考えてみましょう。

問題 1

1辺の長さが 4 の立方体 ABCD－EFGH において，辺 AB の中点を P，辺 BC の中点を Q とします。
(1) ∠PFQ＝θ とするとき，cos θ の値を求めましょう。
(2) △PFQ の面積 S を求めましょう。

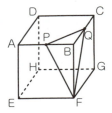

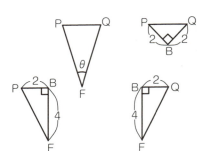

(1) BP＝2，BF＝4，BQ＝2 より

$$PF = \sqrt{PB^2 + BF^2} = \sqrt{2^2 + 4^2}$$ ← 三平方の定理
$$= 2\sqrt{\boxed{ア}}$$

$$QF = 2\sqrt{\boxed{イ}}$$

$$PQ = 2\sqrt{\boxed{ウ}}$$

△PFQ において，余弦定理を用いると

$$\cos\theta = \frac{PF^2 + QF^2 - PQ^2}{2 \cdot PF \cdot QF}$$

$$= \frac{(2\sqrt{\boxed{ア}})^2 + (2\sqrt{\boxed{イ}})^2 - (2\sqrt{\boxed{ウ}})^2}{2 \cdot 2\sqrt{\boxed{ア}} \cdot 2\sqrt{\boxed{イ}}}$$

$$= \frac{20 + 20 - 8}{\boxed{エ}}$$

$$= \frac{\boxed{オ}}{5}$$

(2) 0°＜θ＜180° より sin θ＞0 であるから

$$\sin\theta = \sqrt{1 - \cos^2\theta}$$ ← $\sin^2\theta + \cos^2\theta = 1$ を変形して，$\sin\theta = \sqrt{1-\cos^2\theta}$ (→P.94)

$$= \sqrt{1 - \left(\frac{\boxed{オ}}{5}\right)^2} = \frac{3}{\boxed{カ}}$$

よって，△PFQ の面積 S は

$$S = \frac{1}{2} \cdot PF \cdot QF \cdot \sin\theta$$ ← $S = \frac{1}{2}bc\sin A$ を利用 (→P.106)

$$= \frac{1}{2} \cdot 2\sqrt{\boxed{ア}} \cdot 2\sqrt{\boxed{イ}} \cdot \frac{3}{\boxed{カ}} = \boxed{キ}$$

<‹左ページの問題の答え›
問題1 (1)ア 5 イ 5 ウ 2 エ 40 オ 4
　　　(2)カ 5 キ 6

基本練習　→答えは別冊16ページ

1辺の長さが2である正四面体ABCDにおいて、辺BCの中点をM、∠AMD＝θとする。
このとき、次の値を求めよ。

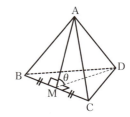

(1) $\cos\theta$

(2) △AMDの面積 S

空間図形の計量

100m離れた運動場の2地点A、Bから校舎の屋上Dを見るとき、校舎の高さを求めましょう。
ただし、∠DAB＝75°、∠DBA＝60°、∠DAC＝30°とします。
まず辺DAの長さを求め、DCを求めます。
△ADBで考えると、∠DAB＝75°、∠DBA＝60°より∠ADB＝45°なので、
正弦定理から $\dfrac{100}{\sin 45°}=\dfrac{DA}{\sin 60°}$　よって　$DA=100\times\dfrac{\sqrt{3}}{2}\times\sqrt{2}=50\sqrt{6}$
また、△DACで∠DCA＝90°より　$DC=DA\sin 30°=50\sqrt{6}\times\dfrac{1}{2}=25\sqrt{6}$
よって、校舎の高さは　$25\sqrt{6}$ m

共通テスト対策問題にチャレンジ

3章　図形と計量

→ 答えは別冊 17 ページ

1　△ABCにおいて，AB＝3，BC＝4，AC＝2とする。

$\cos\angle\text{BAC}=\dfrac{\boxed{\text{アイ}}}{\boxed{\text{ウ}}}$ であり，∠BACは $\boxed{\text{エ}}$ である。

また，$\sin\angle\text{BAC}=\dfrac{\sqrt{\boxed{\text{オカ}}}}{\boxed{\text{キ}}}$ である。

線分ACの垂直二等分線と直線ABの交点をDとする。

$\cos\angle\text{CAD}=\dfrac{\boxed{\text{ク}}}{\boxed{\text{ケ}}}$ であるから，AD＝$\boxed{\text{コ}}$ であり，△DBCの面積は $\dfrac{\boxed{\text{サ}}\sqrt{\boxed{\text{シス}}}}{\boxed{\text{セ}}}$ である。

ただし $\boxed{\text{エ}}$ には，下の⓪～②のうちからあてはまるものを1つ選べ。

⓪　鋭角　　　　　　①　直角　　　　　　②　鈍角

（センター試験本試）

110

2

△ABCにおいて，AB＝3，BC＝5，∠ABC＝120°とする。

このとき，AC＝$\boxed{ア}$，sin∠ABC＝$\dfrac{\sqrt{\boxed{イ}}}{\boxed{ウ}}$であり，sin∠BCA＝$\dfrac{\boxed{エ}\sqrt{\boxed{オ}}}{\boxed{カキ}}$である。

（センター試験本試）一部省略

3

△ABCにおいて，AB＝$\sqrt{3}$－1，BC＝$\sqrt{3}$＋1，∠ABC＝60°とする。

(1) AC＝$\sqrt{\boxed{ア}}$であるから，△ABCの外接円の半径は$\sqrt{\boxed{イ}}$であり，

sin∠BAC＝$\dfrac{\sqrt{\boxed{ウ}}+\sqrt{\boxed{エ}}}{\boxed{オ}}$である。ただし，$\boxed{ウ}$，$\boxed{エ}$の解答の順序は問わない。

(2) 辺AC上に点Dを，△ABDの面積が$\dfrac{\sqrt{2}}{6}$になるようにとるとき，

AB・AD＝$\dfrac{\boxed{カ}\sqrt{\boxed{キ}}-\boxed{ク}}{\boxed{ケ}}$であるから，AD＝$\dfrac{\boxed{コ}}{\boxed{サ}}$である。

（センター試験本試）

50 データの整理

4章 データの分析　　　度数分布表

人の身長や体重など，ある特性を示す数量を<u>データ</u>といいます。このようなデータをまとめた表を，<u>度数分布表</u>といい，度数分布表で表すと，データの傾向がわかりやすくなります。

例　中学生10人の体重

| 51.2 | 53.6 | 47.5 | 30.5 | 42.3 |
| 48.1 | 40.0 | 50.4 | 46.8 | 45.7 |

（単位 kg）

度数分布表

階級(kg)	度数(人)	相対度数
以上　未満 30～35	1	0.1
35～40	0	0
40～45	2	0.2
45～50	4	0.4
50～55	3	0.3
55～60	0	0

<u>階級</u>とは，区切られた各区間のことで，各階級に含まれるデータの値の個数を<u>度数</u>といいます。また，各階級の中央の値を<u>階級値</u>といいます。たとえば，30～35 kg の階級値は 32.5 kg になります。

また，度数を度数の合計で割ったものを<u>相対度数</u>といい，全体の中での割合がわかります。

問題1 下の資料は，あるクラスの男子生徒20人のハンドボール投げの記録です。右の度数分布表を完成させましょう。ただし，相対度数は小数第2位まで求めましょう。

35	18	27	30	24	32	23
34	39	41	22	40	26	16
36	28	25	31	38	33	（単位 m）

15 m以上20 m未満の階級の相対度数は

2÷20＝0.10　になります。
↑　　↑
度数　度数の合計

他の階級も同様にして

相対度数 ＝ その階級の度数 / 度数の合計

により，相対度数を求めます。

階級(m)	度数(人)	相対度数
以上　未満 15～20	2	エ
20～25	ア	0.15
25～30	4	オ
30～35	イ	0.25
35～40	ウ	カ
40～45	2	0.10
計	20	1.00

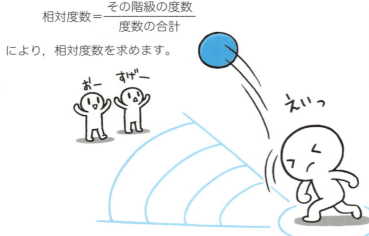

112

<左ページの問題の答え>
問題1 ア3 イ5 ウ4
エ0.10 オ0.20 カ0.20

基本練習　→答えは別冊18ページ

次のデータはあるクラスの男子生徒20人の身長を調べたものである。

| 170 | 175 | 166 | 184 | 177 | 164 | 176 | 172 | 167 | 180 |
| 172 | 168 | 174 | 178 | 165 | 181 | 171 | 163 | 173 | 168 |

(単位cm)

階級の幅を5cmとして、度数分布表を完成せよ。ただし、相対度数は小数第2位まで求めるものとする。

さらに、このデータのヒストグラムをかけ。

階級(cm)	度数(人)	相対度数
以上　　未満 160 ～ 165		
～		
～		
～		
～		
計	20	1.00

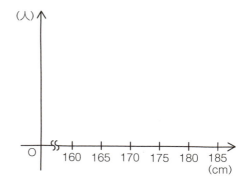

ヒストグラムのかき方

度数分布表をもとに、横軸に階級の数値を、縦軸に度数をとったものを**ヒストグラム**といいます。問題1の度数分布表をヒストグラムで表すと右のようなグラフになりますね。

ヒストグラムでは、それぞれの長方形の面積が階級の度数に比例しています。

また、データの散らばり方によって形状がかわります。

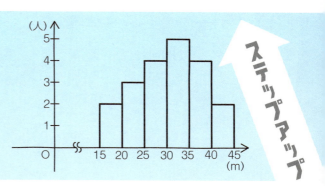

ステップアップ

113

51 データの代表値

4章 データの分析

代表値

データの分布の特徴を示した数値を代表値といい，代表値としては，平均値，中央値（メジアン），最頻値（モード）の3つの値がよく用いられます。

平均値とは…データの総和を度数の合計で割った値（変量 x の平均値は $\bar{x}$ と表す）

中央値とは…データを大きさの順に並べたとき，中央にくる値

最頻値とは…最も個数が多い値（度数分布表では，度数が最も大きい階級の階級値）

では，平均値と最頻値について考えてみましょう。

問題 1 右の表は，あるクラスの生徒20人の通学時間を調査した結果の度数分布表です。
(1) このデータの最頻値を求めましょう。
(2) この度数分布表をもとに，平均値を求めましょう。

階級(分)	階級値(分)	度数(人)
以上　未満 0〜20	10	3
20〜40	30	7
40〜60	50	5
60〜80	70	4
80〜100	90	1
計		20

※ 階級値とは，各階級の中央の値のこと。

(1) 最頻値は，度数が最も大きい階級の階級値なので，求める値は ア （分）です。

(2) 平均値はデータの総和を度数の合計で割って求めることができます。

度数分布表から平均値を求める場合，データの総和は，各階級の階級値に度数をかけたものをすべて足して求めます。

$$\text{平均値} = \frac{(\text{各階級の階級値} \times \text{度数})\text{の合計}}{\text{度数の合計}}$$

よって，平均値は

$$\frac{1}{20}(10 \times 3 + 30 \times 7 + 50 \times 5 + 70 \times 4 + 90 \times 1)$$

（階級値，度数）

$$= \frac{\boxed{イ}}{20}$$

$$= \boxed{ウ} \text{（分）}$$

<左ページの問題の答え>
問題1 (1)ア 30
(2)イ 860 ウ 43

基本練習 → 答えは別冊18ページ

右の表は，A市の1日の平均気温を30日間測定した結果の度数分布表である。

階級(℃)	階級値(℃)	度数(日)
以上　未満 16〜18	17	3
18〜20	19	7
20〜22	21	10
22〜24	23	7
24〜26	25	3
計		30

(1) このデータの最頻値を求めよ。

(2) この度数分布表をもとに，平均値を求めよ。

中央値（メジアン）の求め方

データの値を大きさの順に並べたとき，中央の順位にある数値が**中央値（メジアン）**です。
中央値は，データの個数が奇数か，偶数かで分けて考えます。

① データの個数が奇数のとき

データの個数の真ん中の値が中央値

② データの個数が偶数のとき

データの中央2つの値の平均が中央値

115

52 四分位数とは？

4章 データの分析 　　　データの散らばり①

たとえば、平均値が同じでもデータの中に極端に離れた値がある場合、データの散らばり方は大きくかわります。散らばりの度合を比較するために、四分位数を利用します。

四分位数とは、データを値の大きさの順に並べたとき、4等分する位置の値です。小さい方から順に、第1四分位数、第2四分位数、第3四分位数といいます。第2四分位数は中央値です。

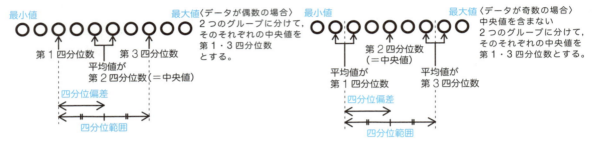

四分位範囲とは、第3四分位数から第1四分位数を引いた値です。四分位範囲が小さいほど、データの値が中央値の近くに集中しています。

また、四分位偏差とは、四分位範囲を2で割った値です。

問題1

次のデータは、あるクラスで行ったテストの結果をまとめたものです。

点数	0点	1点	2点	3点	4点	5点	6点	7点	8点	9点	10点
人数(人)	0	0	0	1	2	2	5	3	2	4	1

(1) このデータの第1四分位数、第2四分位数、第3四分位数を求めましょう。
(2) このデータの四分位範囲と四分位偏差を求めましょう。

---

(1) データのすべての値を小さい順に並べると
　3, 4, 4, 5, 5, 6, 6, 6, 6, 6, 7, 7, 7, 8, 8, 9, 9, 9, 9, 10 (点)
となります。

第2四分位数（中央値）は10番目の ア と11番目の イ の平均値であるから 6.5(点)

第1四分位数は、値が小さい方の10個のデータの中央値であるから $\dfrac{5+6}{2}=$ ウ (点)

第3四分位数は、値が大きい方の10個のデータの中央値であるから $\dfrac{8+9}{2}=$ エ (点)

(2) 四分位範囲は第3四分位数から第1四分位数を引いた値であるから エ － ウ ＝ オ (点)

また、四分位偏差は四分位範囲を2で割った値であるから オ ÷2＝ カ (点)

116

<左ページの問題の答え>
問題1 (1)ア 6 イ 7 ウ 5.5 エ 8.5
     (2)オ 3 カ 1.5

基本練習 →答えは別冊18ページ

次のデータは，あるクラスの男子10名の100m走の記録である。

出席番号	1	2	3	4	5	6	7	8	9	10
タイム(秒)	13.7	12.5	11.8	13.9	13.1	12.3	14.6	12.7	13.8	12.6

(1) このデータの第1四分位数，第2四分位数，第3四分位数をそれぞれ求め，箱ひげ図をかけ。

(2) このデータの四分位範囲，四分位偏差を求めよ。

箱ひげ図をかこう

箱ひげ図とは，5つの数値，最小値，第1四分位数，中央値（第2四分位数），第3四分位数，最大値を箱（長方形）と線（ひげ）を用いて表したものです。
右の図で確認しておきましょう。

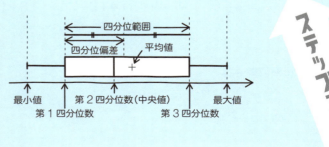

ステップアップ

117

53 分散と標準偏差

4章 データの分析

データの散らばり②

データのすべての値を使って，データの散らばりの大きさを調べることもできます。

n 個のデータの値を x_1, x_2, ……, x_n とし，その平均値を $\overline{x}$ とするとき，各値と平均値との差をそれぞれ平均値からの**偏差**といいます。

$$x_1-\overline{x}, \ x_2-\overline{x}, \ \cdots\cdots, \ x_n-\overline{x}$$

偏差の合計は 0 となります。

また，偏差の 2 乗の平均値を**分散**といい，s^2 で表します。

さらに，分散の正の平方根を**標準偏差**といい，s で表します。

これらの値は，平均値からデータがどれぐらい離れているかを示し，散らばりが大きければ大きいほど，大きくなります。

分散と標準偏差

分散　$s^2=\dfrac{1}{n}\{(x_1-\overline{x})^2+(x_2-\overline{x})^2$
$\qquad\qquad +\cdots\cdots+(x_n-\overline{x})^2\}$

標準偏差　$s=\sqrt{(分散)}$

問題1

次のデータは，A君の 10 回分のテストの点数の記録です。

回	1	2	3	4	5	6	7	8	9	10
A君の得点	10点	8点	2点	4点	9点	3点	6点	10点	2点	6点

(1) このデータの平均値 $\overline{x}$ を求めましょう。

(2) (1)で求めた $\overline{x}$ を用いて，右の表を完成させましょう。

(3) 右の表を利用して，分散 s^2 と標準偏差 s を求めましょう。

回	x(点)	$x-\overline{x}$
1	10	
2	8	
3	2	
4	4	
5	9	
6	3	
7	6	
8	10	
9	2	
10	6	

(1) 平均値 $\overline{x}$ は　$\overline{x}=\dfrac{1}{10}(10+8+2+4+9+3+6+10+2+6)=\boxed{}^{ア}$

(2) $x-\overline{x}$ を計算すると，上から順に

　　$4, \ 2, \ -4, \ -2, \ 3, \ \boxed{}^{イ}, \ 0, \ 4, \ -4, \ \boxed{}^{ウ}$

(3) 分散 s^2 は

$$s^2=\dfrac{1}{10}\{4^2+2^2+(-4)^2+(-2)^2+3^2+(\boxed{}^{イ})^2+0^2+4^2+(-4)^2+\boxed{}^{ウ}{}^2\}$$

$$=\dfrac{1}{10}(\boxed{}^{エ}+4+16+4+9+\boxed{}^{オ}+0+16+\boxed{}^{カ}+\boxed{}^{キ})$$

$$=\boxed{}^{ク}$$

標準偏差 s は

$$s=\sqrt{\boxed{}^{ク}}=\boxed{}^{ケ}$$

　　s^2 の平方根 ↑

118

<左ページの問題の答え>
問題1 (1)ア 6
(2)イ −3　ウ 0
(3)エ 16　オ 9　カ 16　キ 0　ク 9　ケ 3

基本練習　→答えは別冊18ページ

右のデータは，Aさんの10回の漢字テストの点数の記録である。

回	x(点)	$x-\overline{x}$	$(x-\overline{x})^2$
1	2		
2	3		
3	0		
4	5		
5	3		
6	1		
7	5		
8	2		
9	4		
10	5		
計			

(1) データの平均値 $\overline{x}$ を求めよ。

(2) (1)で求めた $\overline{x}$ を用いて，右の表を完成させよ。

(3) 標準偏差 s を求めよ。
ただし，$\sqrt{2}=1.41$，$\sqrt{5}=2.24$，$\sqrt{7}=2.65$ とし，小数第2位を四捨五入せよ。

分散と平均値の関係式

分散は下の式を用いても求めることができます。

(x のデータの分散) = (x^2 のデータの平均値) − (x のデータの平均値)^2

問題1 の分散を，上の式を使って求めてみましょう。

$$分散 = \frac{10^2+8^2+2^2+4^2+9^2+3^2+6^2+10^2+2^2+6^2}{10} - 6^2$$

$$= \frac{450}{10} - 36 = 45 - 36 = 9$$

数は同じでも広がり方がちがう

ステップアップ

54 散布図と相関係数

4章　データの分析　　　　　　　　　　　　　　**データの相関**

2つの変量 x, y からなるデータで, 一方の増加により, もう一方が増加または減少するとき, x と y に相関がある, または x と y には相関関係がある, といいます。x, y の平均値をそれぞれ $\overline{x}$, $\overline{y}$, 標準偏差をそれぞれ s_x, s_y で表すとき, x の偏差と y の偏差の積の平均値を x, y の共分散といい, s_{xy} で表します。

共分散の符号で, 相関の正負がわかります。

↑

x の値とともに
y の値も増加＝正の相関
x の値が増加するとき
y の値は減少＝負の相関

> **共分散と相関係数**
>
> 共分散 $s_{xy} = \dfrac{1}{n}\{(x_1-\overline{x})(y_1-\overline{y})$
> $\qquad\qquad +(x_2-\overline{x})(y_2-\overline{y})+$
> $\qquad\qquad \cdots+(x_n-\overline{x})(y_n-\overline{y})\}$
>
> 相関係数　$r = \dfrac{s_{xy}}{s_x s_y}$

また, 共分散 s_{xy} を s_x と s_y の積で割った値を2つの変量 x, y の相関係数といい, r で表します。相関係数からは, 相関の強弱がわかります。

問題1　右の表は, 5人の生徒A, B, C, D, E の数学と英語のテストの点数です。数学と英語の点数の相関係数を四捨五入して, 小数第2位まで求めましょう。

	A	B	C	D	E
数学	36	51	57	32	34
英語	48	46	71	65	50

数学の点数を x 点, 英語の点数を y 点として, 次の表をつくります。

	x	y	$x-\overline{x}$	$y-\overline{y}$	$(x-\overline{x})^2$	$(y-\overline{y})^2$	$(x-\overline{x})(y-\overline{y})$
A	36	48	-6	-8	36	64	^ア
B	51	46	9	-10	81	100	-90
C	57	71	15	15	225	225	225
D	32	65	-10	9	100	81	^イ
E	34	50	-8	-6	64	36	48
計	210	280			506	506	^ウ141
平均値	42	56			101.2	101.2	28.2

この表から相関係数を求めると　$r = \dfrac{s_{xy}}{s_x s_y} = \dfrac{28.2}{\sqrt{101.2}\sqrt{101.2}} = \dfrac{28.2}{\boxed{エ}} = 0.2786\cdots$

s_x は x の標準偏差 ━

よって　$r ≒ \boxed{オ}$

※　数学と英語の点数の相関関係は弱いことがわかります。

120

<左ページの問題の答え>
問題1　ア 48　イ −90　ウ 141
　　　　エ 101.2　オ 0.28

基本練習　→答えは別冊19ページ

右の表は，ある生徒の数学と英語の小テストの10回の点数である。数学（x 点）と英語（y 点）の点数の相関係数を四捨五入して，小数第2位まで求めよ。

回	1	2	3	4	5	6	7	8	9	10
数学	2	7	10	8	3	1	5	6	8	10
英語	2	8	8	9	3	2	3	6	10	9

散布図と相関係数

相関係数 r は $-1 \leqq r \leqq 1$ を満たす定数で，正の相関が強いほど r の値は 1 に近づきます。また，負の相関が強いほど r の値は -1 に近づきます。

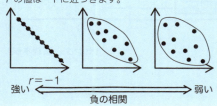

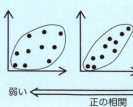

ステップアップ

共通テスト対策問題にチャレンジ

4章　データの分析

→ 答えは別冊20ページ

1 下の図1および図2は，男子短距離，男子長距離，女子短距離，女子長距離の4つのグループにおける，身長のヒストグラムおよび箱ひげ図である。次の ア ， イ にあてはまるものを，下の⓪〜⑥のうちから1つ選べ。ただし，解答の順序は問わない。

図1および図2から読み取れる内容として正しいものは， ア ， イ である。

⓪　4つのグループのうちで範囲が最も大きいのは，女子短距離のグループである。
①　4つのグループのすべてにおいて，四分位範囲は12未満である。
②　男子長距離グループのヒストグラムでは，度数最大の階級に中央値が入っている。
③　女子長距離グループのヒストグラムでは，度数最大の階級に第1四分位数が入っている。
④　すべての選手の中で最も身長の高い選手は，男子長距離グループの中にいる。
⑤　すべての選手の中で最も身長の低い選手は，女子長距離グループの中にいる。
⑥　男子短距離グループの中央値と男子長距離グループの第3四分位数は，ともに180以上182未満である。

図1　身長のヒストグラム

図2　身長の箱ひげ図

出典：図1，図2はガーディアン社のWebページより作成

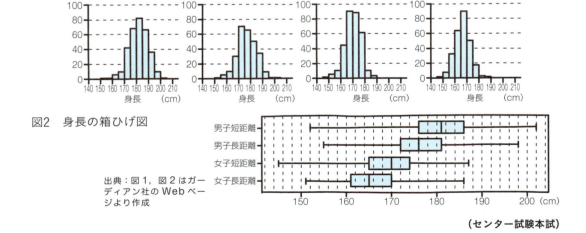

（センター試験本試）

2

ある高等学校のAクラスには全部で20人の生徒がいる。右の表は、その20人の生徒の国語と英語のテストの結果をまとめたものである。表の横軸は国語の得点を、縦軸は英語の得点を表し、表中の数値は、国語の得点と英語の得点の組合せに対応する人数を表している。ただし、得点は0以上10以下の整数値をとり、空欄は0人であることを表している。たとえば、国語の得点が7点で英語の得点が6点である生徒の人数は2である。

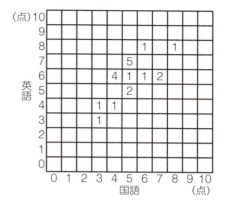

また、次の表は、Aクラスの20人について、上の表の国語と英語の得点の平均値と分散をまとめたものである。ただし、表の数値はすべて正確な値であり、四捨五入されていない。

	国 語	英 語
平均値	B	6.0
分 散	1.60	C

以下、小数の形で解答する場合、指定された桁数の1つ下の桁を四捨五入し、解答せよ。途中で割り切れた場合、指定された桁まで0を記入すること。

(1) Aクラスの20人のうち、国語の得点が4点の生徒は ア 人であり、英語の得点が国語の得点以下の生徒は イ 人である。

(2) Aクラスの20人について、国語の得点の平均値Bは ウ . エ 点であり、英語の得点の分散Cの値は オ . カキ である。

(3) Aクラスの20人のうち、国語の得点が平均値 ウ . エ 点と異なり、かつ、英語の得点も平均値6.0点と異なる生徒は ク 人である。

Aクラスの20人について、国語の得点と英語の得点の相関係数の値は ケ . コサシ である。

(センター試験本試・改)

三角比表

角	sin	cos	tan	角	sin	cos	tan
0°	0.0000	1.0000	0.0000	45°	0.7071	0.7071	1.0000
1°	0.0175	0.9998	0.0175	46°	0.7193	0.6947	1.0355
2°	0.0349	0.9994	0.0349	47°	0.7314	0.6820	1.0724
3°	0.0523	0.9986	0.0524	48°	0.7431	0.6691	1.1106
4°	0.0698	0.9976	0.0699	49°	0.7547	0.6561	1.1504
5°	0.0872	0.9962	0.0875	50°	0.7660	0.6428	1.1918
6°	0.1045	0.9945	0.1051	51°	0.7771	0.6293	1.2349
7°	0.1219	0.9925	0.1228	52°	0.7880	0.6157	1.2799
8°	0.1392	0.9903	0.1405	53°	0.7986	0.6018	1.3270
9°	0.1564	0.9877	0.1584	54°	0.8090	0.5878	1.3764
10°	0.1736	0.9848	0.1763	55°	0.8192	0.5736	1.4281
11°	0.1908	0.9816	0.1944	56°	0.8290	0.5592	1.4826
12°	0.2079	0.9781	0.2126	57°	0.8387	0.5446	1.5399
13°	0.2250	0.9744	0.2309	58°	0.8480	0.5299	1.6003
14°	0.2419	0.9703	0.2493	59°	0.8572	0.5150	1.6643
15°	0.2588	0.9659	0.2679	60°	0.8660	0.5000	1.7321
16°	0.2756	0.9613	0.2867	61°	0.8746	0.4848	1.8040
17°	0.2924	0.9563	0.3057	62°	0.8829	0.4695	1.8807
18°	0.3090	0.9511	0.3249	63°	0.8910	0.4540	1.9626
19°	0.3256	0.9455	0.3443	64°	0.8988	0.4384	2.0503
20°	0.3420	0.9397	0.3640	65°	0.9063	0.4226	2.1445
21°	0.3584	0.9336	0.3839	66°	0.9135	0.4067	2.2460
22°	0.3746	0.9272	0.4040	67°	0.9205	0.3907	2.3559
23°	0.3907	0.9205	0.4245	68°	0.9272	0.3746	2.4751
24°	0.4067	0.9135	0.4452	69°	0.9336	0.3584	2.6051
25°	0.4226	0.9063	0.4663	70°	0.9397	0.3420	2.7475
26°	0.4384	0.8988	0.4877	71°	0.9455	0.3256	2.9042
27°	0.4540	0.8910	0.5095	72°	0.9511	0.3090	3.0777
28°	0.4695	0.8829	0.5317	73°	0.9563	0.2924	3.2709
29°	0.4848	0.8746	0.5543	74°	0.9613	0.2756	3.4874
30°	0.5000	0.8660	0.5774	75°	0.9659	0.2588	3.7321
31°	0.5150	0.8572	0.6009	76°	0.9703	0.2419	4.0108
32°	0.5299	0.8480	0.6249	77°	0.9744	0.2250	4.3315
33°	0.5446	0.8387	0.6494	78°	0.9781	0.2079	4.7046
34°	0.5592	0.8290	0.6745	79°	0.9816	0.1908	5.1446
35°	0.5736	0.8192	0.7002	80°	0.9848	0.1736	5.6713
36°	0.5878	0.8090	0.7265	81°	0.9877	0.1564	6.3138
37°	0.6018	0.7986	0.7536	82°	0.9903	0.1392	7.1154
38°	0.6157	0.7880	0.7813	83°	0.9925	0.1219	8.1443
39°	0.6293	0.7771	0.8098	84°	0.9945	0.1045	9.5144
40°	0.6428	0.7660	0.8391	85°	0.9962	0.0872	11.4301
41°	0.6561	0.7547	0.8693	86°	0.9976	0.0698	14.3007
42°	0.6691	0.7431	0.9004	87°	0.9986	0.0523	19.0811
43°	0.6820	0.7314	0.9325	88°	0.9994	0.0349	28.6363
44°	0.6947	0.7193	0.9657	89°	0.9998	0.0175	57.2900
45°	0.7071	0.7071	1.0000	90°	1.0000	0.0000	なし

高校　数学Ⅰをひとつひとつわかりやすく。　パワーアップ版

ブックデザイン──山口秀昭（StudioFlavor）
本文イラスト──フルタハナコ
編集協力────有限会社　アズ
　　　　　　　　秋下幸恵，江川信恵，岡庭璃子，佐藤玲子
　　　　　　　　高木直子，花園安紀，林千珠子，持田洋美
　　　　　　　　株式会社　U-Tee
DTP──────株式会社　四国写研
印刷会社────株式会社　リーブルテック

本書の著者である小島秀男先生は，2018年1月に逝去されました。
このたびのパワーアップ版は，小島先生の思いを引き継ぎ，編集部で改訂作業を行いました。
編集部一同，小島先生のご冥福を心よりお祈りいたします。

高校 数学Ⅰを ひとつひとつ わかりやすく。［パワーアップ版］

解答

Gakken

01 整式を整理しよう
本文ページ → 7

基 本 練 習

次の整式を降べきの順に整理せよ。

$2x^2+5x-2-3x^2-7x$
$=(2-3)x^2+(5-7)x-2$ ┐ 同類項をまとめる
$=\underline{-x^2-2x-2}$ ……(答)

次の整式を x について降べきの順に整理せよ。
また，x については何次式かを答えよ。また，その場合の定数項を答えよ。

$x^2+3xy+2y^2+x+3y-2$
$=\underline{x^2+(3y+1)x+2y^2+3y-2}$ ……(答)
x について $\underline{2\text{次式}}$ ……(答) ← x の次数のうちで最大のもの
定数項は $\underline{2y^2+3y-2}$ ……(答) ← x を含まない項

02 整式とその足し算・引き算
本文ページ → 9

基 本 練 習

整式 $A=4x^2-x+5$，$B=-x^2+3x+2$ について，$A-B$，$A+2B$ を求めよ。

$A-B=(4x^2-x+5)-(-x^2+3x+2)$
$=4x^2-x+5+x^2-3x-2$ ┐ かっこをはずす
$=\underline{5x^2-4x+3}$ ……(答) ┘ 同類項をまとめる

$A+2B=(4x^2-x+5)+2(-x^2+3x+2)$
$=4x^2-x+5-2x^2+6x+4$ ┐ かっこをはずす
$=\underline{2x^2+5x+9}$ ……(答) ┘ 同類項をまとめる

03 単項式のかけ算
本文ページ → 11

基 本 練 習

次の計算をせよ。

(1) $a^7 \times a = a^{7+1}$
$=\underline{a^8}$ ……(答)

(2) $(a^4)^5 = a^{4\times5}$
$=\underline{a^{20}}$ ……(答)

(3) $(a^2b^3)^5 = (a^2)^5 \times (b^3)^5$
$=\underline{a^{10}b^{15}}$ ……(答)

(4) $(-2x^2) \times 5xy$
$=(-2) \times 5 \times x^2 \times x \times y$
$=\underline{-10x^3y}$ ……(答)

(5) $(-5x^3y^2)^2$
$=(-5)^2 \times (x^3)^2 \times (y^2)^2$
$=\underline{25x^6y^4}$ ……(答)

(6) $(-2x^2y)^3 \times 3xy^2$
$=(-2)^3 \times (x^2)^3 \times y^3 \times 3 \times x \times y^2$
$=(-8 \times 3) \times (x^6 \times x) \times (y^3 \times y^2)$
$=\underline{-24x^7y^5}$ ……(答)

04 整式の展開
本文ページ → 13

基 本 練 習

次の式を展開せよ。

(1) $(x+3)(5x^2-3x-2)$
$=x(5x^2-3x-2)+3(5x^2-3x-2)$
$=5x^3-3x^2-2x+15x^2-9x-6$
$=\underline{5x^3+12x^2-11x-6}$ ……(答)

(2) $(3x-4)(x^2+2x-5)$
$=3x(x^2+2x-5)-4(x^2+2x-5)$
$=3x^3+6x^2-15x-4x^2-8x+20$
$=\underline{3x^3+2x^2-23x+20}$ ……(答)

05 乗法公式を確認しよう　本文ページ → 15

基本練習

次の式を展開せよ。

(1) $(-2x+5y)^2$ ←乗法公式[1]
$=(-2x)^2+2\times(-2x)\times5y+(5y)^2$
$=4x^2-20xy+25y^2$ ……(答)

(2) $(2a-7b)^2$ ←乗法公式[2]
$=(2a)^2-2\times2a\times7b+(7b)^2$
$=4a^2-28ab+49b^2$ ……(答)

(3) $(4x-3y)(3y+4x)$ ←公式が使える形に式を変形
$=(4x-3y)(4x+3y)$ ←乗法公式[3]
$=(4x)^2-(3y)^2$
$=16x^2-9y^2$ ……(答)

(4) $(3x+5y)(3x-2y)$ ←乗法公式[4]
$=(3x)^2+(5y-2y)\times3x+5y\times(-2y)$
$=9x^2+9xy-10y^2$ ……(答)

06 $(ax+b)(cx+d)$の展開　本文ページ → 17

基本練習

次の式を展開せよ。

(1) $(5x+2)(3x+4)$ ←乗法公式[5]
$=5\cdot3x^2+(5\cdot4+2\cdot3)x+2\cdot4$
$=15x^2+26x+8$ ……(答)

(2) $(2x-1)(5x-3)$
$=2\cdot5x^2+\{2\cdot(-3)+(-1)\cdot5\}x$
$\qquad\qquad+(-1)\cdot(-3)$
$=10x^2-11x+3$ ……(答)

(3) $(3x+2y)(4x-5y)$
$=3\cdot4x^2+\{3\cdot(-5y)+2y\cdot4\}x$
$\qquad\qquad+2\cdot(-5)y^2$
$=12x^2-7xy-10y^2$
$\qquad\qquad$……(答)

(4) $(5x-y)(3x-4y)$
$=5\cdot3x^2+\{5\cdot(-4y)+(-y)\cdot3\}x$
$\qquad\qquad+(-1)\cdot(-4)y^2$
$=15x^2-23xy+4y^2$ ……(答)

07 置き換えによる展開　本文ページ → 19

基本練習

次の式を展開せよ。

(1) $(a+b+2c)^2$
　$a+b=A$ とおく。
　$(a+b+2c)^2$
$=(A+2c)^2$
$=A^2+4Ac+4c^2$
$=(a+b)^2+4(a+b)c+4c^2$ ←もとに戻す
$=a^2+2ab+b^2+4ac+4bc+4c^2$
$=a^2+b^2+4c^2+2ab+4bc+4ca$
$\qquad\qquad$……(答)

(2) $(a+2b-c)^2$
　$a+2b=A$ とおく。
　$(a+2b-c)^2$
$=(A-c)^2$
$=A^2-2Ac+c^2$
$=(a+2b)^2-2(a+2b)c+c^2$ ←もとに戻す
$=a^2+4ab+4b^2-2ac-4bc+c^2$
$=a^2+4b^2+c^2+4ab-4bc-2ca$
$\qquad\qquad$……(答)

(3) $(x+2y-3)(x-2y+3)$
　$2y-3=A$ とおく。
　$(x+2y-3)(x-2y+3)$
$=\{x+(2y-3)\}\{x-(2y-3)\}$
$=(x+A)(x-A)$
$=x^2-A^2$
$=x^2-(2y-3)^2$ ←もとに戻す
$=x^2-(4y^2-12y+9)$
$=x^2-4y^2+12y-9$ ……(答)

(4) $(x^2+2x+3)(x^2-2x+3)$
　$x^2+3=A$ とおく。
　$(x^2+2x+3)(x^2-2x+3)$
$=(A+2x)(A-2x)$
$=A^2-4x^2$
$=(x^2+3)^2-4x^2$ ←もとに戻す
$=(x^2)^2+6x^2+9-4x^2$
$=x^4+2x^2+9$ ……(答)

08 共通因数をくくり出そう　本文ページ → 21

基本練習

次の式を因数分解せよ。

(1) $6ab-12ac$ ←共通因数は $6a$
$=6a\times b-6a\times2c$
$=6a(b-2c)$ ……(答)

(2) $18x^2y+27xy^2$ ←共通因数は $9xy$
$=9xy\times2x+9xy\times3y$
$=9xy(2x+3y)$ ……(答)

(3) $45b^2c^2-60bc^3$ ←共通因数は $15bc^2$
$=15bc^2\times3b-15bc^2\times4c$
$=15bc^2(3b-4c)$ ……(答)

(4) $16a^2b+12ab^2-28ab$ ←共通因数は $4ab$
$=4ab\times4a+4ab\times3b-4ab\times7$
$=4ab(4a+3b-7)$ ……(答)

09 因数分解の公式の確認

基本練習

次の式を因数分解せよ。

(1) $4x^2+12x+9$
$= (2x)^2 + 2 \times 2x \times 3 + 3^2$
$= (2x+3)^2$ ……(答)

[$4x^2=(2x)^2$, $9=3^2$, 因数分解の公式[1]]

(2) $a^2 - \dfrac{2}{3}a + \dfrac{1}{9}$
$= a^2 - 2 \times a \times \dfrac{1}{3} + \left(\dfrac{1}{3}\right)^2$
$= \left(a - \dfrac{1}{3}\right)^2$ ……(答)

[$\dfrac{1}{9} = \left(\dfrac{1}{3}\right)^2$, 因数分解の公式[2]]

(3) $a^2 - ab + \dfrac{1}{4}b^2$
$= a^2 - 2 \times a \times \dfrac{1}{2}b + \left(\dfrac{1}{2}b\right)^2$
$= \left(a - \dfrac{1}{2}b\right)^2$ ……(答)

[$\dfrac{1}{4}b^2 = \left(\dfrac{1}{2}b\right)^2$, 因数分解の公式[2]]

(4) $x^2 - 3xy - 4y^2$
和が $-3y$, 積が $-4y^2$ となるのは y と $-4y$ だから
$x^2 - 3xy - 4y^2$
$= x^2 + \{y + (-4y)\}x + y \times (-4y)$
$= (x+y)(x-4y)$ ……(答)

[因数分解の公式[4]]

10 $acx^2+(ad+bc)x+bd$ の因数分解

基本練習

次の式を因数分解せよ。

(1) $3x^2 + 7x + 4$
右のたすきがけより
$3x^2 + 7x + 4$
$= (x+1)(3x+4)$ ……(答)

```
3    4
1 ×  4
3    4
     7
```

(2) $2x^2 - x - 6$
右のたすきがけより
$2x^2 - x - 6$
$= (x-2)(2x+3)$ ……(答)

```
2   -6
1 × 3 → -4
2   3
    -1
```

(3) $3x^2 + 4xy - 4y^2$
下のたすきがけより
$3x^2 + 4xy - 4y^2$
$= (x+2y)(3x-2y)$ ……(答)

```
3  -4y^2
1 × 2y → 6y
3  -2y → -2y
       4y
```

(4) $2x^2 - 7xy + 6y^2$
右のたすきがけより
$2x^2 - 7xy + 6y^2$
$= (x-2y)(2x-3y)$ ……(答)

```
2   6y^2
1 × -3y → -4y
2   -3y → -3y
         -7y
```

11 置き換えによる因数分解

基本練習

次の式を因数分解せよ。

(1) $a(2x-y) - 3(2x-y)$
$2x-y = A$ とおくと
$a(2x-y) - 3(2x-y)$
$= aA - 3A$
$= A(a-3)$ ← A をくくり出す
$= (2x-y)(a-3)$ ← もとに戻す
……(答)

(2) $ax - ay - x + y$
$= a(x-y) - (x-y)$
ここで, $x-y = A$ とおくと
$a(x-y) - (x-y)$
$= aA - A$
$= A(a-1)$ ← A をくくり出す
$= (x-y)(a-1)$ ← もとに戻す
……(答)

(3) $(x+2y)^2 + 3(x+2y) - 10$
$x+2y = A$ とおくと
$(x+2y)^2 + 3(x+2y) - 10$
$= A^2 + 3A - 10$
$= (A-2)(A+5)$ ← 因数分解の公式[4] (→本冊 P.22)
$= (x+2y-2)(x+2y+5)$ ← もとに戻す
……(答)

(4) $(y-2)^2 - 6(y-2) + 9$
$y-2 = A$ とおくと
$(y-2)^2 - 6(y-2) + 9$
$= A^2 - 6A + 9$
$= (A-3)^2$ ← 因数分解の公式[2] (→本冊 P.22)
$= (y-2-3)^2$ ← もとに戻す
$= (y-5)^2$ ……(答)

12 実数の分類

基本練習

次の分数を循環小数の記号・を用いて表せ。

(1) $\dfrac{4}{9}$
右の割り算より
$\dfrac{4}{9} = 0.44\cdots$
$= 0.\dot{4}$ ……(答)

```
  0.44…
9)4
  36
   40
   36
    4
```

(2) $\dfrac{10}{3}$
右の割り算より
$\dfrac{10}{3} = 3.33\cdots$
$= 3.\dot{3}$ ……(答)

```
  3.33…
3)10
   9
   10
    9
    10
     9
     1
```

(3) $\dfrac{3}{11}$
右の割り算より
$\dfrac{3}{11} = 0.2727\cdots$
$= 0.\dot{2}\dot{7}$ ……(答)

```
   0.2727…
11)3
   22
    80
    77
     30
     22
      80
      77
       3
```

(4) $\dfrac{12}{37}$
下の割り算より
$\dfrac{12}{37} = 0.324324\cdots$
$= 0.\dot{3}2\dot{4}$ ……(答)

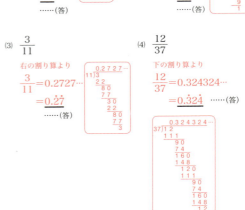

13 絶対値とは？

基本練習

次の値を求めよ。

(1) $|-7.5|$
$= \underline{7.5}$ ……(答)

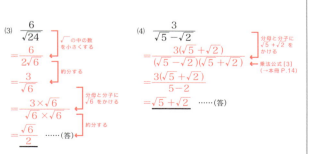

(2) $\left|\left(-\dfrac{1}{4}\right)^2\right|$ ← 2乗を先に計算する
$= \left|\dfrac{1}{16}\right|$
$= \underline{\dfrac{1}{16}}$ ……(答)

(3) $\left|\dfrac{1}{2}-\dfrac{1}{3}\right|$ ← 通分
$= \left|\dfrac{3}{6}-\dfrac{2}{6}\right|$
$= \left|\dfrac{1}{6}\right|$
$= \underline{\dfrac{1}{6}}$ ……(答)

(4) $|\sqrt{2}-2|$
$\sqrt{2}=1.414\cdots$ より
$\sqrt{2}-2<0$
したがって
$|\sqrt{2}-2|$ ← $a<0$のとき $|a|=-a$
$=-(\sqrt{2}-2)$
$= \underline{2-\sqrt{2}}$ ……(答)

14 根号を含む式の計算

基本練習

次の計算をせよ。

(1) $\sqrt{48}+\sqrt{108}$
$=\sqrt{4^2\times 3}+\sqrt{6^2\times 3}$ ← $\triangle^2$の部分を $\sqrt{\ }$ の外に出す
$=4\sqrt{3}+6\sqrt{3}$
$=(4+6)\sqrt{3}$
$= \underline{10\sqrt{3}}$ ……(答)

(2) $\sqrt{\dfrac{27}{16}}-\sqrt{\dfrac{3}{4}} = \sqrt{\dfrac{3^2\times 3}{4^2}}-\sqrt{\dfrac{3}{2^2}}$
$= \dfrac{3\sqrt{3}}{4}-\dfrac{\sqrt{3}}{2}$
$= \left(\dfrac{3}{4}-\dfrac{1}{2}\right)\sqrt{3}$
$= \underline{\dfrac{\sqrt{3}}{4}}$ ……(答)

(3) $\sqrt{12}\times\sqrt{24}$
$=\sqrt{12\times 24}$
$=\sqrt{12\times 12\times 2}$ ← $\triangle^2$の形をつくる
$=\sqrt{12^2\times 2}$
$= \underline{12\sqrt{2}}$ ← $\triangle^2$の部分を $\sqrt{\ }$ の外に出す
……(答)

(4) $(\sqrt{3}+2)^2$ ← 乗法公式[1] (→本冊P.14)
$=(\sqrt{3})^2+2\times\sqrt{3}\times 2+2^2$
$=3+4\sqrt{3}+4$
$= \underline{7+4\sqrt{3}}$ ……(答)

15 分母に根号を含む式の変形

基本練習

次の式の分母を有理化せよ。

(1) $\dfrac{5}{\sqrt{2}}$
$= \dfrac{5\times\sqrt{2}}{\sqrt{2}\times\sqrt{2}}$ ← 分母と分子に $\sqrt{2}$ をかける
$= \underline{\dfrac{5\sqrt{2}}{2}}$ ……(答)

(2) $\dfrac{\sqrt{7}}{\sqrt{3}}$
$= \dfrac{\sqrt{7}\times\sqrt{3}}{\sqrt{3}\times\sqrt{3}}$ ← 分母と分子に $\sqrt{3}$ をかける
$= \underline{\dfrac{\sqrt{21}}{3}}$ ……(答)

(3) $\dfrac{6}{\sqrt{24}}$
$= \dfrac{6}{2\sqrt{6}}$ ← $\sqrt{\ }$ の中の数を小さくする
$= \dfrac{3}{\sqrt{6}}$ ← 約分する
$= \dfrac{3\times\sqrt{6}}{\sqrt{6}\times\sqrt{6}}$ ← 分母と分子に $\sqrt{6}$ をかける
$= \underline{\dfrac{\sqrt{6}}{2}}$ ← 約分する
……(答)

(4) $\dfrac{3}{\sqrt{5}-\sqrt{2}}$
$= \dfrac{3(\sqrt{5}+\sqrt{2})}{(\sqrt{5}-\sqrt{2})(\sqrt{5}+\sqrt{2})}$ ← 分母と分子に $\sqrt{5}+\sqrt{2}$ をかける / 乗法公式[3] (→本冊P.14)
$= \dfrac{3(\sqrt{5}+\sqrt{2})}{5-2}$
$= \underline{\sqrt{5}+\sqrt{2}}$ ……(答)

16 不等式の性質

基本練習

$a<b$ のとき、次の ☐ の中にあてはまる不等号を入れよ。

(1) $a-\dfrac{1}{4}\ \boxed{\phantom{<}}\ b-\dfrac{1}{4}$

$a<b$ のとき、両辺から同じ数 $\dfrac{1}{4}$ を引いても、不等号の向きはかわらないから
$a-\dfrac{1}{4}\underline{<}b-\dfrac{1}{4}$ ……(答)

(2) $\dfrac{5}{9}a\ \boxed{\phantom{<}}\ \dfrac{5}{9}b$

$a<b$ のとき、両辺に同じ正の数 $\dfrac{5}{9}$ をかけても、不等号の向きはかわらないから
$\dfrac{5}{9}a\underline{<}\dfrac{5}{9}b$ ……(答)

(3) $-2a\ \boxed{}\ -2b$

$a<b$ のとき、両辺に同じ負の数をかけると、不等号の向きが逆になるから
$-2a\underline{>}-2b$ ……(答)

(4) $-\dfrac{a}{3}\ \boxed{}\ -\dfrac{b}{3}$

$a<b$ のとき、両辺を同じ負の数で割ると、不等号の向きが逆になるから
$\dfrac{a}{-3}\underline{>}\dfrac{b}{-3}$
したがって
$-\dfrac{a}{3}\underline{>}-\dfrac{b}{3}$ ……(答)

17 1次不等式を解こう

基本練習

次の不等式を解け。

(1) $4x-3<9$
$4x<9+3$
$4x<12$ 〔両辺を4で割る〕
$\underline{x<3}$
……(答)

(2) $4x-6≧5x-8$ 〔移項する〕
$4x-5x≧-8+6$
$-x≧-2$ 〔両辺を-1で割る〕
$\underline{x≦2}$ 〔不等号の向きが逆になる〕
……(答)

(3) $3x+1≦5(x-3)$ 〔右辺のかっこをはずす〕
$3x+1≦5x-15$ 〔移項する〕
$3x-5x≦-15-1$
$-2x≦-16$ 〔両辺を-2で割る〕
$\underline{x≧8}$ 〔不等号の向きが逆になる〕
……(答)

(4) $\dfrac{x-2}{3}>4-x$ 〔両辺に3をかける〕
$x-2>3(4-x)$
$x-2>12-3x$ 〔移項する〕
$x+3x>12+2$
$4x>14$ 〔両辺を4で割る〕
$\underline{x>\dfrac{7}{2}}$
……(答)

18 連立不等式を解こう

基本練習

次の連立不等式を解け。

(1) $\begin{cases} 8-2x>x-7 &\cdots① \\ 3x>2(5-x) &\cdots② \end{cases}$

①より $8-2x>x-7$ 〔移項する〕
$-2x-x>-7-8$ 〔整理する〕
$-3x>-15$
$x<5$ …③

②より $3x>2(5-x)$ 〔かっこをはずす〕
$3x>10-2x$ 〔移項する〕
$3x+2x>10$ 〔整理する〕
$5x>10$
$x>2$ …④

③,④より
$\underline{2<x<5}$ 〔③,④を同時に満たすxの値の範囲〕
……(答)

(2) $\begin{cases} x-2≦4x-5 &\cdots① \\ 2x-5≧-x+4 &\cdots② \end{cases}$

①より $x-2≦4x-5$ 〔移項する〕
$x-4x≦-5+2$ 〔整理する〕
$-3x≦-3$
$x≧1$ …③

②より $2x-5≧-x+4$ 〔移項する〕
$2x+x≧4+5$ 〔整理する〕
$3x≧9$
$x≧3$ …④

③,④より
$\underline{x≧3}$ 〔③,④を同時に満たすxの値の範囲〕
……(答)

19 集合の表し方と包含関係

基本練習

5つの集合 $A=\{1, 2, 3\}$, $B=\{4, 5, 6\}$, $C=\{1, 2, 3, 4, 6, 12\}$, $D=\{x|x$ は18の正の約数$\}$, $E=\{x|x$ は24の正の約数$\}$ がある。このうち, $P=\{1, 2, 3, 4, 6, 8, 12, 24\}$ の部分集合であるものを選べ。

集合 D, E についても要素を書き並べる方法で表すと
$D=\{1, 2, 3, 6, 9, 18\}$
$E=\{1, 2, 3, 4, 6, 8, 12, 24\}$
であるから, $P=\{1, 2, 3, 4, 6, 8, 12, 24\}$ の部分集合であるものは
$\underline{A, C, E}$ ……(答)
〔Pと同じ集合〕

20 共通部分と和集合と補集合

基本練習

次の集合 A, B について, $A∩B$ と $A∪B$ を求めよ。

(1) $A=\{5, 6, 8, 10\}$, $B=\{2, 4, 6, 8, 10\}$
右の図から
$A∩B=\underline{\{6, 8, 10\}}$ ←共通部分
……(答)
$A∪B=\underline{\{2, 4, 5, 6, 8, 10\}}$ ←和集合
……(答)

(2) $A=\{x|x$ は12の正の約数$\}$, $B=\{x|x$ は18の正の約数$\}$
A, B を要素を書き並べる方法で表すと
$A=\{1, 2, 3, 4, 6, 12\}$
$B=\{1, 2, 3, 6, 9, 18\}$
よって, 右の図より
$A∩B=\underline{\{1, 2, 3, 6\}}$ ←共通部分
……(答)
$A∪B=\underline{\{1, 2, 3, 4, 6, 9, 12, 18\}}$ ←和集合
……(答)

21 命題「$p \Rightarrow q$」の真偽を調べよう

本文ページ → 47

基 本 練 習

次の命題の真偽を調べよ。また，偽であるときは反例を示せ。

(1) $x^2=0 \Longrightarrow x=0$

$x=0$ のとき，$x^2=0$ であり，$x \neq 0$ のとき $x^2>0$ である。
したがって $x^2=0$ となるとき，$x=0$ であり，
命題「$x^2=0 \Longrightarrow x=0$」は真である。
……(答)

(2) $x^2=2x \Longrightarrow x=2$

$x=0$ とすると，$x^2=2x$ であるが，$x=2$ ではない。 ← $x^2=2x$
$x(x-2)=0$
$x=0,\ 2$
よって，命題「$x^2=2x \Longrightarrow x=2$」は偽である。
反例：$x=0$ ……(答)

(3) 自然数 n は素数 $\Longrightarrow$ 自然数 n は奇数

$n=2$ とすると，n は素数であるが，奇数ではない。 ←素数とは約数を2つもつ数
よって，命題「自然数 n は素数 $\Longrightarrow$ 自然数 n は奇数」は偽である。
反例：$n=2$ ……(答)

22 必要条件と十分条件

本文ページ → 49

基 本 練 習

次の □ の中に，必要条件，十分条件，必要十分条件のうち最も適するものを答えよ。ただし，文字はすべて実数とする。

(1) $a+b>4$, $ab>4$ は $a>2$, $b>2$ であるための □ である。

命題「$a+b>4$, $ab>4 \Longrightarrow a>2$, $b>2$」は偽である。
(反例：$a=5$, $b=1$)
また，$a>2$, $b>2$ のとき $a+b>2+2=4$, $ab>2×2=4$
よって，命題「$a>2$, $b>2 \Longrightarrow a+b>4$, $ab>4$」は真であるから，
$a+b>4$, $ab>4$ は $a>2$, $b>2$ であるための必要条件である。
(答)

(2) $x^2-6x+9=0$ は $x=3$ であるための □ である。

$x^2-6x+9=0$ は $(x-3)^2=0$ と変形できるから
命題「$x^2-6x+9=0 \Longrightarrow x=3$」は真であり，
命題「$x=3 \Longrightarrow x^2-6x+9=0$」も真であるから，
$x^2-6x+9=0$ は $x=3$ であるための必要十分条件である。
(答)

(3) $a=b$ は $ac=bc$ であるための □ である。

$a=b$ ならば，両辺に c をかけて $ac=bc$ であるから
命題「$a=b \Longrightarrow ac=bc$」は真である。
また，「$ac=bc \Longrightarrow a=b$」は偽であるから(反例：$a=1$, $b=2$, $c=0$)
$a=b$ は $ac=bc$ であるための十分条件である。
(答)

23 「かつ」「または」の否定

本文ページ → 51

基 本 練 習

次の条件の否定を求めよ。ただし，x はすべて実数とする。

(1) $-2 \leqq x < 1$

の否定を示すと となる。

よって，求める条件の否定は $x<-2$ または $1 \leqq x$ ……(答)

(2) $x \leqq 2$ または $x \geqq 5$

の否定を示すと となる。

よって，求める条件の否定は $2<x<5$ ……(答)

(3) 整数 m, n はともに偶数である

「整数 m, n はともに偶数である」をいいかえると，
「整数 m は偶数である」かつ「整数 n は偶数である」
よって，求める条件の否定は
「整数 m は奇数である」または「整数 n は奇数である」 ←「かつ」の否定は「または」
すなわち「整数 m, n の少なくとも一方は奇数である」 ……(答)

24 命題の逆・裏・対偶

本文ページ → 53

基 本 練 習

次の命題の逆・裏・対偶をつくり，それらの真偽を調べよ。

(1) 自然数 n について，n が偶数ならば $n+1$ は奇数

命題「n が偶数ならば $n+1$ は奇数」について ←この命題は真
逆は「$n+1$ が奇数ならば n は偶数」であり，真である。
裏は「n が奇数ならば $n+1$ は偶数」であり，真である。
対偶は「$n+1$ が偶数ならば n は奇数」であり，真である。 ……(答)

(2) $x=1$ ならば $x^2-4x+3=0$ ただし，x は実数とする。

命題「$x=1$ ならば $x^2-4x+3=0$」について ←この命題は真
逆は「$x^2-4x+3=0$ ならば $x=1$」であり，偽である。
(反例：$x=3$) ←$(x-1)(x-3)=0$ より $x=1$, 3
裏は「$x \neq 1$ ならば $x^2-4x+3 \neq 0$」であり，偽である。
(反例：$x=3$)
対偶は「$x^2-4x+3 \neq 0$ ならば $x \neq 1$」であり，真である。 ←もとの命題が真ならば，対偶も真
……(答)

7

共通テスト対策問題に チャレンジ

本文ページ → 56~57 ・・・・・・・・・・ **1章 数と式**

1

$k=\dfrac{6}{\sqrt{3}+1}$ とする。分母を有理化すると，$k=\boxed{ア}\sqrt{\boxed{イ}}-\boxed{ウ}$ となる。
また，k の整数部分は $\boxed{エ}$ である。 （センター試験追試）

解説 $k=\dfrac{6}{\sqrt{3}+1}=\dfrac{6(\sqrt{3}-1)}{(\sqrt{3}+1)(\sqrt{3}-1)}$ ← 分母と分子に $\sqrt{3}-1$ をかける

$=\dfrac{6(\sqrt{3}-1)}{3-1}$

$=3(\sqrt{3}-1)$

$=3\sqrt{3}-3$

$3\sqrt{3}=\sqrt{27}$ より $5<3\sqrt{3}<6$

各辺から3を引くと $2<3\sqrt{3}-3<3$

よって，$2<k<3$ だから，k の整数部分は2

$\boxed{ア}=3$ $\boxed{イ}=3$ $\boxed{ウ}=3$ $\boxed{エ}=2$

2

x を実数とし，$A=x(x+1)(x+2)(5-x)(6-x)(7-x)$ とおく。
整数 n に対して，$(x+n)(n+5-x)=x(5-x)+n^2+\boxed{ア}n$ であり，したがって，
$X=x(5-x)$ とおくと，
$A=X(X+\boxed{イ})(X+\boxed{ウエ})$
と表せる。
$x=\dfrac{5+\sqrt{17}}{2}$ のとき，$X=\boxed{オ}$ であり，$A=2^{\boxed{カ}}$ である。 （センター試験本試）

解説 $(x+n)(n+5-x)=(x+n)\{n+(5-x)\}$

$=nx+x(5-x)+n^2+n(5-x)$

$=nx+x(5-x)+n^2+5n-nx$

$=x(5-x)+n^2+5n$ ……①

$A=x(x+1)(x+2)(5-x)(6-x)(7-x)$

$=x(5-x)\{(x+1)(6-x)\}\{(x+2)(7-x)\}$

ここで，$X=x(5-x)$ とおく。

①において，

$n=1$ のとき

$(x+1)(6-x)=x(5-x)+1^2+5\cdot1=X+6$

$n=2$ のとき

$(x+2)(7-x)=x(5-x)+2^2+5\cdot2=X+14$

よって $A=X(X+6)(X+14)$

$X=x(5-x)$ に $x=\dfrac{5+\sqrt{17}}{2}$ を代入すると

$X=\dfrac{5+\sqrt{17}}{2}\left(5-\dfrac{5+\sqrt{17}}{2}\right)$

$=\dfrac{5+\sqrt{17}}{2}\times\dfrac{5-\sqrt{17}}{2}$

$=\dfrac{25-17}{4}$

$=2$

よって $A=2(2+6)(2+14)=2\cdot2^3\cdot2^4=2^8$

$\boxed{ア}=5$ $\boxed{イ}=6$ $\boxed{ウエ}=14$ $\boxed{オ}=2$ $\boxed{キ}=8$

3

A を有理数全体の集合，B を無理数全体の集合とする。空集合を ϕ と表す。次の(1)~(4)が真の命題になるように，$\boxed{ア}$~$\boxed{エ}$ にあてはまる記号を書きなさい。

(1) $A\boxed{ア}\{0\}$ （2） $\sqrt{28}\boxed{イ}B$
(3) $A=\{0\}\boxed{ウ}A$ （4） $\phi=A\boxed{エ}B$

（センター試験本試）

解説 (1) 0 は有理数だから，$\{0\}$ は A の部分集合である。 ← $\{0\}$ は A にふくまれる

よって $A\supset\{0\}$

(2) $\sqrt{28}=2\sqrt{7}$ だから，$\sqrt{28}$ は無理数である。

よって，$\sqrt{28}$ は B に属するから $\sqrt{28}\in B$

(3) (1)より，$\{0\}$ は A の部分集合だから $A=\{0\}\cup A$

(4) 有理数であり無理数でもあるような数はないから，A と B の共通部分は空集合である。

よって $\phi=A\cap B$

$\boxed{ア}=\supset$ $\boxed{イ}=\in$ $\boxed{ウ}=\cup$ $\boxed{エ}=\cap$

4

実数 x について，命題A：「$x^2>2$ または $x^3>0$」ならば「$x>2$」を考える。

(1) 次の $\boxed{ア}$~$\boxed{エ}$ にあてはまるものを書きなさい。
命題Aの逆，対偶を考えると次のようになる。
逆：「$\boxed{ア}$」ならば「$\boxed{イ}$」
対偶：「$\boxed{ウ}$」ならば「$\boxed{エ}$」

(2) 次の $\boxed{オ}$ にあてはまるものを，下の ⓪~⑥ のうちから1つ選べ。
命題Aとその逆，対偶のうち，$\boxed{オ}$ が真である。

⓪ 命題Aのみ
① 命題Aの逆のみ
② 命題Aの対偶のみ
③ 命題Aとその対偶の2つのみ
④ 命題Aとその逆の2つのみ
⑤ 命題Aの逆と命題Aの対偶の2つのみ
⑥ 3つすべて

(3) 次の $\boxed{カ}$ にあてはまるものを，下の ⓪~③ のうちから1つ選べ。
実数 x についての条件「$x^2>2$ または $x^3>0$」は，「$x>2$」であるための $\boxed{カ}$。

⓪ 必要条件であるが，十分条件ではない
① 十分条件であるが，必要条件ではない
② 必要十分条件である
③ 必要条件でも十分条件でもない

（センター試験追試）

解説 (1) 命題「$p\Longrightarrow q$」の逆は，「$q\Longrightarrow p$」

命題A 「$x^2>2$ または $x^3>0$ ならば $x>2$」

命題Aの逆 「$x>2$ ならば $x^2>2$ または $x^3>0$」

命題「$p\Longrightarrow q$」の対偶は，「$\bar{q}\Longrightarrow\bar{p}$」

$x^2>2$ または $x^3>0$ の否定は，$x^2\leqq2$ かつ $x^3\leqq0$ ← 「p または q」の否定は「p でないかつ q でない」

命題A 「$x^2>2$ または $x^3>0$ ならば $x>2$」

命題Aの対偶 「$x\leqq2$ ならば $x^2\leqq2$ かつ $x^3\leqq0$」

(2) 命題Aの逆「$x>2$ ならば $x^2>2$ または $x^3>0$」は真である。

命題Aの対偶「$x\leqq2$ ならば $x^2\leqq2$ かつ $x^3\leqq0$」は偽である。

反例 $x=2$ のとき，$x^2=4$，$x^3=8$ だから，$x^2\leqq2$ かつ $x^3\leqq0$ は成り立たない。

もとの命題とその対偶の真偽は一致するから，命題Aは偽である。

(3) 命題「$p\Longrightarrow q$」が真ならば，q は p であるための必要条件，p は q であるための十分条件である。

また，命題「$p\Longrightarrow q$」，「$q\Longrightarrow p$」がともに真ならば，$p(q)$ は $q(p)$ であるための必要十分条件である。

(2)より，「$x^2>2$ または $x^3>0$ ならば $x>2$」は偽，「$x>2$ ならば $x^2>2$ または $x^3>0$」は真だから，「$x^2>2$ または $x^3>0$」は「$x>2$」であるための必要条件である。

$\boxed{ア}=x>2$ $\boxed{イ}=x^2>2$ または $x^3>0$ $\boxed{ウ}=x\leqq2$

$\boxed{エ}=x^2\leqq2$ かつ $x^3\leqq0$ $\boxed{オ}=①$ $\boxed{カ}=⓪$

8

25 関数の定義域と値域

基本練習

次の関数についての問いに答えよ。

(1) 関数 $f(x)=x^2-4x+5$ に対して $f(1)$, $f(-2)$ を求めよ。

$f(x)=x^2-4x+5$
$f(1)=1^2-4\cdot1+5$ ← x に 1 を代入する
$\quad\ =1-4+5=\underline{2}$ ……(答)
$f(-2)=(-2)^2-4\cdot(-2)+5$ ← x に -2 を代入する
$\quad\quad\ =4+8+5=\underline{17}$ ……(答)

(2) 関数 $y=-2x+3$ の定義域が $-2\leq x\leq 1$ のとき，グラフをかいて値域を求めよ。

$y=-2x+3$ より
$x=-2$ のとき
$\quad y=-2\times(-2)+3$
$\quad\quad =7$
$x=1$ のとき
$\quad y=-2\cdot1+3=1$
したがって，右のグラフから，値域は
$\underline{1\leq y\leq 7}$ ……(答)

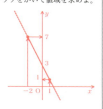

26 $y=ax^2$ のグラフ

基本練習

次の 2 次関数のグラフをかけ。

(1) $y=3x^2$

$y=3x^2$ のグラフは原点を頂点として y 軸を軸とする下に凸の放物線で，グラフは右図のようになる。
　　　　　　　　　上に開いた形

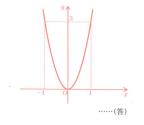

……(答)

(2) $y=-\dfrac{1}{4}x^2$

$y=-\dfrac{1}{4}x^2$ のグラフは原点を頂点として y 軸を軸とする上に凸の放物線で，グラフは右図のようになる。
　　　　　　　下に開いた形

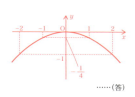

……(答)

27 $y=ax^2+q$ のグラフ

基本練習

次の 2 次関数のグラフをかけ。また，軸と頂点を答えよ。

(1) $y=-x^2+3$

$y=-x^2+3$ のグラフは $y=-x^2$ のグラフを y 軸方向に 3 だけ平行移動した放物線で，
$\underline{\text{軸は } y \text{ 軸}}$，$\underline{\text{頂点は点 } (0,\ 3)}$ である。
　(答)　　　　(答)
グラフは右図のようになる。

……(答)

(2) $y=\dfrac{1}{2}x^2-2$

$y=\dfrac{1}{2}x^2-2$ のグラフは $y=\dfrac{1}{2}x^2$ のグラフを y 軸方向に -2 だけ平行移動した放物線で，
$\underline{\text{軸は } y \text{ 軸}}$，$\underline{\text{頂点は } (0,\ -2)}$ である。
　(答)　　　　(答)
グラフは右図のようになる。

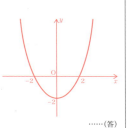

……(答)

28 $y=a(x-p)^2$ のグラフ

基本練習

次の 2 次関数のグラフをかけ。また，軸と頂点を答えよ。

(1) $y=2(x-1)^2$

$y=2(x-1)^2$ のグラフは $y=2x^2$ のグラフを x 軸方向に 1 だけ平行移動した放物線で，
$\underline{\text{軸は直線 } x=1}$，$\underline{\text{頂点は点 } (1,\ 0)}$ である。
　　(答)　　　　　(答)
グラフは右図のようになる。

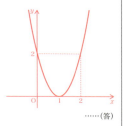

……(答)

(2) $y=-(x+2)^2$

$y=-(x+2)^2$ のグラフは $y=-x^2$ のグラフを x 軸方向に -2 だけ平行移動した放物線で，
$\underline{\text{軸は直線 } x=-2}$，$\underline{\text{頂点は点 } (-2,\ 0)}$ である。
　　(答)　　　　　(答)
グラフは右図のようになる。

……(答)

29 $y=a(x-p)^2+q$ のグラフ

基本練習

次の2次関数のグラフをかけ。また、軸と頂点を答えよ。

(1) $y=-(x+1)^2+2$

$y=-(x+1)^2+2$ のグラフは
$y=-x^2$ のグラフを　　上に凸
x 軸方向に -1, y 軸方向に 2 だけ
平行移動した放物線で、
軸は直線 $x=-1$, 頂点は点 $(-1, 2)$
　　（答）　　　　　　　（答）
である。
グラフは右図のようになる。

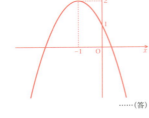
……（答）

(2) $y=\dfrac{1}{2}(x-2)^2+1$

$y=\dfrac{1}{2}(x-2)^2+1$ のグラフは
$y=\dfrac{1}{2}x^2$ のグラフを x 軸方向に 2,　　下に凸
y 軸方向に 1 だけ平行移動した放物線で、
軸は直線 $x=2$, 頂点は点 $(2, 1)$ である。
　　（答）　　　　　（答）
グラフは右図のようになる。

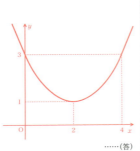
……（答）

30 $ax^2+bx+c=a(x-p)^2+q$ の変形

基本練習

次の2次関数の右辺を平方完成せよ。

(1) $y=2x^2-12x+21$
$=2(x^2-6x)+21$
$=2(x^2-6x+3^2-3^2)+21$
$=2(x^2-6x+3^2)-2\cdot 3^2+21$
$=2(x-3)^2+3$ ……（答）

(2) $y=-2x^2+8x-7$
$=-2(x^2-4x)-7$
$=-2(x^2-4x+2^2-2^2)-7$
$=-2(x^2-4x+2^2)+2\cdot 2^2-7$
$=-2(x-2)^2+1$ ……（答）

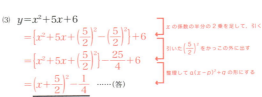

(3) $y=x^2+5x+6$
$=\left\{x^2+5x+\left(\dfrac{5}{2}\right)^2-\left(\dfrac{5}{2}\right)^2\right\}+6$
$=\left\{x^2+5x+\left(\dfrac{5}{2}\right)^2\right\}-\dfrac{25}{4}+6$
$=\left(x+\dfrac{5}{2}\right)^2-\dfrac{1}{4}$ ……（答）

31 $y=ax^2+bx+c$ のグラフ

基本練習

次の2次関数のグラフの軸と頂点を求め、そのグラフをかけ。

(1) $y=x^2+4x+3$
$=(x^2+4x+2^2-2^2)+3$
$=(x^2+4x+2^2)-2^2+3$
$=(x+2)^2-1$
よって、軸が直線 $x=-2$,
頂点が点 $(-2, -1)$ の下に凸の放物線になる。
グラフは右図のようになる。

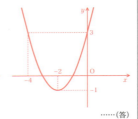
……（答）

(2) $y=-2x^2+4x+1$
$=-2(x^2-2x)+1$
$=-2(x^2-2x+1^2-1^2)+1$
$=-2(x^2-2x+1^2)+2\cdot 1^2+1$
$=-2(x-1)^2+3$
よって、軸が直線 $x=1$,
頂点が点 $(1, 3)$ の上に凸の放物線になる。
グラフは右図のようになる。

……（答）

32 2次関数の最大・最小

基本練習

次の2次関数の最大値または最小値を求めよ。

(1) $y=2x^2-8x+5$
$=2(x^2-4x)+5$
$=2(x-2)^2-8+5$
$=2(x-2)^2-3$ ←平方完成
このグラフは直線 $x=2$ を軸とし、
点 $(2, -3)$ を頂点とする下に凸の
放物線で、グラフは右図のようになる。
したがって、この関数は $x=2$ で最小値 -3 をとる。
最大値はない。
　　（答）

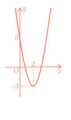

(2) $y=-x^2-4x+3$
$=-(x^2+4x)+3$
$=-(x+2)^2+4+3$
$=-(x+2)^2+7$ ←平方完成
このグラフは直線 $x=-2$ を軸とし、
点 $(-2, 7)$ を頂点とする上に凸の
放物線で、グラフは右図のようになる。
したがって、この関数は $x=-2$ で最大値 7 をとる。
最小値はない。
　　（答）

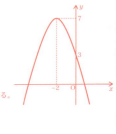

33 定義域が限られた2次関数の最大・最小

基本練習

次の2次関数の最大値と最小値を求めよ。また、そのときの x の値を求めよ。

(1) $y = x^2 - 4x + 1 \quad (0 \leq x \leq 3)$

$y = x^2 - 4x + 1 = (x-2)^2 - 3$

この関数のグラフは直線 $x=2$ を軸とし、点 $(2, -3)$ を頂点とする下に凸の放物線で、$0 \leq x \leq 3$ のグラフは右図の実線のようになる。 ← 軸が定義域内 したがって

$x=0$ のとき最大値 1
$x=2$ のとき最小値 -3 ……(答)

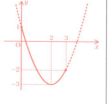

(2) $y = -x^2 + 6x - 7 \quad (4 \leq x \leq 6)$

$y = -x^2 + 6x - 7 = -(x-3)^2 + 2$

この関数のグラフは直線 $x=3$ を軸とし、点 $(3, 2)$ を頂点とする上に凸の放物線で、$4 \leq x \leq 6$ のグラフは右図の実線のようになる。 ← 軸が定義域にない したがって

$x=4$ のとき最大値 1
$x=6$ のとき最小値 -7 ……(答)

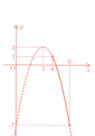

34 2次関数の決定

基本練習

点 $(2, 1)$ を頂点とし、点 $(4, 9)$ を通る放物線をグラフとする2次関数を求めよ。

頂点が $(2, 1)$ であるから、求める2次関数は
$$y = a(x-2)^2 + 1 \quad \cdots ①$$
とかける。
このグラフが点 $(4, 9)$ を通るから、①の式に $x=4$, $y=9$ を代入する。
したがって
$9 = a(4-2)^2 + 1$ ←①の式に $x=4$, $y=9$ を代入
これを解くと $a=2$ ←$4a=8$ より $a=2$
①に代入すると、求める2次関数は
$y = 2(x-2)^2 + 1$ ……(答)

35 2次方程式を解こう

基本練習

次の2次方程式を解け。

(1) $3x^2 - 5x - 2 = 0$

左辺を因数分解すると
右のたすきがけより
$(x-2)(3x+1) = 0$
したがって
$x - 2 = 0$ または $3x + 1 = 0$
よって、2次方程式の解は
$x = 2, -\dfrac{1}{3}$ ……(答)

```
3          -2
↓           ↓
1    ×    -2  →  -6
3          1  →   1
                 -5
```

(2) $2x^2 + 2x - 3 = 0$

解の公式に、$a=2$, $b=2$, $c=-3$ を代入して
$x = \dfrac{-2 \pm \sqrt{2^2 - 4 \cdot 2 \cdot (-3)}}{2 \cdot 2}$ ← $x = \dfrac{-b \pm \sqrt{b^2 - 4ac}}{2a}$

$= \dfrac{-2 \pm 2\sqrt{7}}{4}$

$= \dfrac{-1 \pm \sqrt{7}}{2}$ ……(答) ← 約分を忘れずに

36 2次方程式の解の個数

基本練習

次の2次方程式の実数解の個数を求めよ。

(1) $x^2 - 3x + 1 = 0$

2次方程式の判別式を D とすると
$D = (-3)^2 - 4 \cdot 1 \cdot 1 = 5 > 0$ ← $D = b^2 - 4ac$
であるから
実数解は 2 個 ……(答)

(2) $2x^2 - 6x + 5 = 0$

2次方程式の判別式を D とすると
$D = (-6)^2 - 4 \cdot 2 \cdot 5 = -4 < 0$
であるから
実数解は 0 個 ……(答)

(3) $9x^2 - 6x + 1 = 0$

2次方程式の判別式を D とすると
$D = (-6)^2 - 4 \cdot 9 \cdot 1 = 0$
であるから
実数解は 1 個 ……(答)

37 2次関数のグラフとx軸の共有点

基本練習

次の2次関数のグラフと x 軸の共有点の座標を求めよ。

(1) $y=x^2-7x-18$
2次方程式
$x^2-7x-18=0$ を
解くと
$(x+2)(x-9)=0$
$x=-2, 9$
よって，共有点の座標は
$(-2, 0), (9, 0)$
……(答)

(2) $y=-2x^2-5x-2$
2次方程式
$-2x^2-5x-2=0$ を
解くと
$2x^2+5x+2=0$
$(x+2)(2x+1)=0$
$x=-2, -\dfrac{1}{2}$
よって，共有点の座標は
$(-2, 0), \left(-\dfrac{1}{2}, 0\right)$
……(答)

(3) $y=4x^2-12x+9$
2次方程式
$4x^2-12x+9=0$ を
解くと
$(2x-3)^2=0$
$x=\dfrac{3}{2}$
よって，共有点の座標は
$\left(\dfrac{3}{2}, 0\right)$ ……(答)

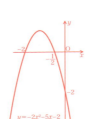
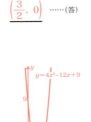

38 2次不等式(1)

基本練習

次の2次不等式を解け。

(1) $x^2-5x-6\leqq 0$
2次方程式 $x^2-5x-6=0$ を解くと
$(x+1)(x-6)=0$
$x=-1, 6$
右のグラフから，$y\leqq 0$ となる x の値の範囲を考えて，2次不等式の解は
$-1\leqq x\leqq 6$ ……(答)

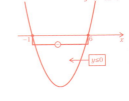

(2) $x^2-4x+1>0$
2次方程式 $x^2-4x+1=0$ を
解の公式を使って解くと
$x=2\pm\sqrt{3}$
右のグラフから，$y>0$ となる x の値の範囲を考えて，2次不等式の解は
$x<2-\sqrt{3},\ 2+\sqrt{3}<x$ ……(答)

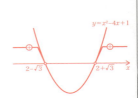

39 2次不等式(2)

基本練習

次の2次不等式を解け。

(1) $x^2-6x+9\geqq 0$
2次関数 $y=x^2-6x+9$ は
$y=(x-3)^2$
と変形できる。
右のグラフから，つねに $y\geqq 0$ であるから，
2次不等式 $x^2-6x+9\geqq 0$ の解は
すべての実数 ……(答)

(2) $x^2+2x+2<0$
2次関数 $y=x^2+2x+2$ は
$y=(x+1)^2+1$
と変形できる。
右のグラフから，つねに $y>0$ であるから，
2次不等式 $x^2+2x+2<0$ の解は
なし ……(答)

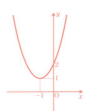

40 連立不等式

基本練習

次の連立不等式を解け。

(1) $\begin{cases} x^2-x-6<0 & \cdots\text{①} \\ x^2-x-2\geqq 0 & \cdots\text{②} \end{cases}$

①を解くと $(x+2)(x-3)<0$ より
$-2<x<3$
②を解くと $(x+1)(x-2)\geqq 0$ より
$x\leqq -1,\ 2\leqq x$
よって，連立不等式の解は右の数直線より
$-2<x\leqq -1,\ 2\leqq x<3$ ……(答)

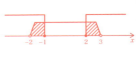

(2) $\begin{cases} x^2-4x+3>0 & \cdots\text{①} \\ x^2-2x-2\leqq 0 & \cdots\text{②} \end{cases}$

①を解くと $(x-1)(x-3)>0$ より
$x<1,\ 3<x$
②の左辺は因数分解できないので
$x^2-2x-2=0$ を解の公式を使って解くと
$x=1\pm\sqrt{3}$
したがって，②を解くと
$1-\sqrt{3}\leqq x\leqq 1+\sqrt{3}$
よって，連立不等式の解は右上の数直線より $1-\sqrt{3}\leqq x<1$ ……(答)

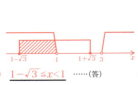

共通テスト対策問題にチャレンジ

本文ページ → 90~91

2章 2次関数

1

aとbはともに正の実数とする。xの2次関数$y=x^2+(2a-b)x+a^2+1$のグラフをGとする。

(1) グラフGの頂点の座標は、$\left(\dfrac{b}{\boxed{\text{ア}}}-a,\ -\dfrac{b^2}{\boxed{\text{イ}}}+ab+\boxed{\text{ウ}}\right)$である。

(2) グラフGがx軸と共有点をもつとき、bのとりうる値の範囲は、$b\geqq\boxed{\text{エ}}a+\boxed{\text{オ}}\sqrt{a^2+\boxed{\text{カ}}}$である。

(3) グラフGがx軸に接し、かつ$a=\sqrt{3}$のとき、$b=\boxed{\text{キ}}+\boxed{\text{ク}}\sqrt{\boxed{\text{ケ}}}$であり、グラフ$G$と$x$軸との接点の$x$座標は$\boxed{\text{コ}}$である。このとき、$0\leqq x\leqq\sqrt{3}$において、$y$の最大値は$\boxed{\text{サ}}$であり、$y$の最小値は$\boxed{\text{シ}}-\boxed{\text{ス}}\sqrt{\boxed{\text{セ}}}$である。

(4) グラフGが点$(-1,\ 6)$を通るとき、bのとり得る値の最大値は$\boxed{\text{ソ}}$であり、そのときのaの値は$\boxed{\text{タ}}$である。

$b=\boxed{\text{ソ}}$、$a=\boxed{\text{タ}}$のとき、グラフGは2次関数$y=x^2$のグラフをx軸方向に$\dfrac{\boxed{\text{チ}}}{\boxed{\text{ツ}}}$、$y$軸方向に$\dfrac{\boxed{\text{テト}}}{\boxed{\text{ナ}}}$だけ平行移動したものである。

(センター試験本試)

解説 (1) xの2次関数$y=x^2+(2a-b)x+a^2+1$……①の右辺を平方完成して

$y=x^2+(2a-b)x+a^2+1$

$=\left\{x^2+(2a-b)x+\left(\dfrac{2a-b}{2}\right)^2\right\}-\left(\dfrac{2a-b}{2}\right)^2+a^2+1$ ← xの係数 $2a-b$ の半分の2乗を足して引く

$=\left(x+\dfrac{2a-b}{2}\right)^2-\dfrac{4a^2-4ab+b^2}{4}+a^2+1$

$=\left\{x-\left(\dfrac{b}{2}-a\right)\right\}^2-\dfrac{b^2}{4}+ab+1$

グラフGの頂点の座標は $\left(\dfrac{b}{2}-a,\ -\dfrac{b^2}{4}+ab+1\right)$ ← $y=(x-p)^2+q$ のグラフの頂点は $(p,\ q)$

(2) グラフGは下に凸の放物線だから、グラフがx軸と共有点をもつとき、グラフの頂点のy座標は$y\leqq0$より

$-\dfrac{b^2}{4}+ab+1\leqq0$

$b^2-4ab-4\geqq0$ ← 両辺に -4 をかける

ここで、$b^2-4ab-4=0$を解くと

$b=\dfrac{-(-2a)\pm\sqrt{(-2a)^2-1\cdot(-4)}}{1}=2a\pm2\sqrt{a^2+1}$

よって、$b^2-4ab-4\geqq0$の解は $b\leqq2a-2\sqrt{a^2+1}$、$b\geqq2a+2\sqrt{a^2+1}$

$b\leqq2a-2\sqrt{a^2+1}$において、$2a<2\sqrt{a^2+1}$より、$b<0$

これとbは正の数という条件から $b\geqq2a+2\sqrt{a^2+1}$

(3) $a=\sqrt{3}$を$b=2a+2\sqrt{a^2+1}$に代入して

$b=2\sqrt{3}+2\sqrt{3+1}=4+2\sqrt{3}$

$a=\sqrt{3}$、$b=4+2\sqrt{3}$を①に代入して

$y=x^2+\{2\times\sqrt{3}-(4+2\sqrt{3})\}x+(\sqrt{3})^2+1$

$=x^2-4x+4$

$=(x-2)^2$

これより、グラフGは下に凸の放物線で、頂点が$(2,\ 0)$である。

よって、グラフGとx軸との接点のx座標は2

また、この2次関数は$0\leqq x\leqq\sqrt{3}$において、

$x=0$のとき最大値$y=(0-2)^2=4$

$x=\sqrt{3}$のとき最小値$y=(\sqrt{3}-2)^2=3-4\sqrt{3}+4=7-4\sqrt{3}$

(4) $x=-1$、$y=6$を①に代入して $6=(-1)^2+(2a-b)\times(-1)+a^2+1$

これを整理して $b=-a^2+2a+4$

右辺を平方完成して $b=-a^2+2a+4=-(a^2-2a+1)+5$

$=-(a-1)^2+5$

a、bは正の数だから、$b=-(a-1)^2+5$は$a=1$のとき、

最大値$b=-(1-1)^2+5=5$をとる。

(1)より、グラフGの頂点の座標は

$\left(\dfrac{5}{2}-1,\ -\dfrac{5^2}{4}+1\times5+1\right)=\left(\dfrac{3}{2},\ -\dfrac{1}{4}\right)$

したがって、グラフGは$y=x^2$のグラフをx軸方向に$\dfrac{3}{2}$、y軸方向に$-\dfrac{1}{4}$だけ平行移動したものである。

ア	イ	ウ	エ	オ	カ
2	4	1	2	2	1

キ	ク	ケ	コ	サ	シ	ス
4	2	3	2	4	7	4

セ	ソ	タ	チ	ツ	テト	ナ
3	5	1	3	2	-1	4

2

2次関数$y=-x^2+2x+2$ ……①のグラフの頂点の座標は（$\boxed{\text{ア}}$、$\boxed{\text{イ}}$）である。また、$y=f(x)$はxの2次関数で、そのグラフは、①のグラフをx軸方向にp、y軸方向にqだけ平行移動したものであるとする。

(1) $2\leqq x\leqq4$における$f(x)$の最大値が$f(2)$になるようなpの値の範囲を不等号を使って表すと、$\boxed{\text{ウ}}$であり、最小値が$f(2)$になるようなpの値の範囲を不等号を使って表すと、$\boxed{\text{エ}}$である。

(2) 2次不等式$f(x)>0$の解が$-2<x<3$になるのは、$p=\dfrac{\boxed{\text{オカ}}}{\boxed{\text{キ}}}$、$q=\dfrac{\boxed{\text{クケ}}}{\boxed{\text{コ}}}$のときである。

(センター試験本試)

解説 ①の右辺を平方完成して $y=-x^2+2x+2=-(x-1)^2+3$

だから、グラフの頂点の座標は$(1,\ 3)$

(1) $y=f(x)$のグラフは、①のグラフをx軸方向にp、y軸方向にqだけ平行移動したものだから、そのグラフの頂点の座標は$(1+p,\ 3+q)$

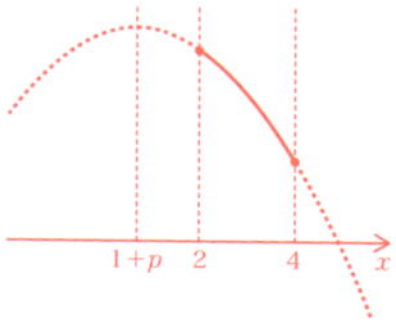

$2\leqq x\leqq4$における$f(x)$の最大値が$f(2)$になるとき、$f(x)$のグラフは右図のようになる。

グラフがこのようになる条件は、頂点のx座標が2以下になるときだから $1+p\leqq2$、$p\leqq1$

同様に、$2\leqq x\leqq4$における$f(x)$の最小値が$f(2)$になるとき、$f(x)$のグラフは右図のようになる。

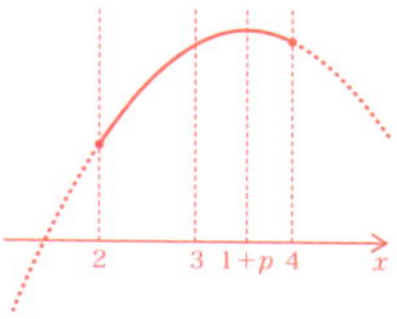

グラフがこのようになる条件は、頂点のx座標が3以上になるときだから $1+p\geqq3$、$p\geqq2$

(2) $f(x)>0$の解が$-2<x<3$だから $f(x)=-(x+2)(x-3)=-x^2+x+6$

$f(x)$の右辺を平方完成して $f(x)=-x^2+x+6=-\left(x-\dfrac{1}{2}\right)^2+\dfrac{25}{4}$

これより、頂点の座標は $\left(\dfrac{1}{2},\ \dfrac{25}{4}\right)$

よって、$1+p=\dfrac{1}{2}$より、$p=-\dfrac{1}{2}$、$3+q=\dfrac{25}{4}$より、$q=\dfrac{13}{4}$

ア	イ	ウ	エ	オカ	キ
1	3	$p\leqq1$	$p\geqq2$	-1	2

クケ	コ
13	4

3

aを定数とし、次の2つの関数を考える。

$f(x)=(1-2a)x^2+2x-a-2$

$g(x)=(a+1)x^2+ax-1$

(1) 関数$y=g(x)$のグラフが直線になるのは、$a=\boxed{\text{アイ}}$のときである。

このとき、関数$y=f(x)$のグラフとx軸との交点のx座標は$\boxed{\text{ウエ}}$と$\dfrac{\boxed{\text{オ}}}{\boxed{\text{カ}}}$である。

(2) 方程式$f(x)+g(x)=0$がただ1つの実数解をもつのは、aの値が$\pm\dfrac{\boxed{\text{キ}}\sqrt{\boxed{\text{クケ}}}}{\boxed{\text{コ}}}$、$\boxed{\text{サ}}$のときである。

(センター試験追試)

解説 (1) 関数$y=g(x)$のグラフが直線になるのは、x^2の係数が0になるときである。

よって $a+1=0$、$a=-1$

$a=-1$のとき、$f(x)=\{1-2\times(-1)\}x^2+2x-(-1)-2=3x^2+2x-1$

関数$y=f(x)$のグラフとx軸との交点のx座標は、$f(x)=0$の解だから、

$3x^2+2x-1=0$、$(x+1)(3x-1)=0$、$x=-1$、$x=\dfrac{1}{3}$

(2) $f(x)+g(x)=(1-2a)x^2+2x-a-2+(a+1)x^2+ax-1$

$=(2-a)x^2+(2+a)x-a-3$

$2-a=0$すなわち$a=2$のとき

$(2-2)x^2+(2+2)x-2-3=4x-5$だから $4x-5=0$、$x=\dfrac{5}{4}$

よって、$a=2$のとき、$f(x)+g(x)=0$はただ1つ実数解をもつ。

$2-a\neq0$すなわち$a\neq2$のとき

$(2-a)x^2+(2+a)x-a-3=0$の判別式をDとすると

$D=(2+a)^2-4(2-a)(-a-3)=-3a^2+28$

$f(x)+g(x)=0$はただ1つ実数解をもつとき $D=0$だから、

$-3a^2+28=0$、$3a^2=28$、$a=\pm\sqrt{\dfrac{28}{3}}=\pm\dfrac{2\sqrt{21}}{3}$

アイ	ウエ	オ	カ
-1	-1	1	3

キ	クケ	コ	サ
2	21	3	2

13

41 正接・正弦・余弦

基本練習

次の直角三角形 ABC で，$\sin A$, $\cos A$, $\tan A$ の値を求めよ。

(1)

三平方の定理より ← $AB^2=AC^2+BC^2$
$AB=\sqrt{2^2+1^2}=\sqrt{5}$
よって
$\sin A = \dfrac{BC}{AB} = \dfrac{1}{\sqrt{5}}$
$= \dfrac{\sqrt{5}}{5}$ ← 有理化
……(答)
$\cos A = \dfrac{AC}{AB} = \dfrac{2}{\sqrt{5}}$
$= \dfrac{2\sqrt{5}}{5}$ ← 有理化
……(答)
$\tan A = \dfrac{BC}{AC} = \dfrac{1}{2}$ ……(答)

(2)

三平方の定理より ← $BC^2=AB^2-AC^2$
$BC=\sqrt{9^2-(3\sqrt{5})^2}$
$=\sqrt{36}=6$
よって
$\sin A = \dfrac{BC}{AB} = \dfrac{6}{9}$
$= \dfrac{2}{3}$ ……(答)
$\cos A = \dfrac{AC}{AB} = \dfrac{3\sqrt{5}}{9}$
$= \dfrac{\sqrt{5}}{3}$ ……(答)
$\tan A = \dfrac{BC}{AC} = \dfrac{6}{3\sqrt{5}}$
$= \dfrac{2\sqrt{5}}{5}$ ← 有理化
……(答)

42 三角比の相互関係

基本練習

A が鋭角で，$\cos A = \dfrac{1}{3}$ のとき，$\sin A$, $\tan A$ の値を求めよ。

$\sin^2 A + \cos^2 A = 1$ であるから
$\sin^2 A = 1 - \cos^2 A$
$= 1 - \left(\dfrac{1}{3}\right)^2$ ← $\cos A$ の値を代入する
$= \dfrac{8}{9}$

A が鋭角のとき，$\sin A > 0$ であるから
$\sin^2 A = \dfrac{8}{9}$ より
$\sin A = \dfrac{2\sqrt{2}}{3}$ ……(答)
$\left[\sqrt{\dfrac{8}{9}}=\dfrac{\sqrt{8}}{\sqrt{9}}=\dfrac{2\sqrt{2}}{3}\right]$

また
$\tan A = \dfrac{\sin A}{\cos A} = \dfrac{2\sqrt{2}}{3} \div \dfrac{1}{3}$
$= \dfrac{2\sqrt{2}}{3} \times \dfrac{3}{1} = 2\sqrt{2}$ ……(答)

43 $0°≦θ≦180°$ の三角比の値

基本練習

次の角の三角比の値を求めよ。

(1) 135°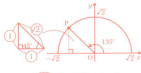

$r=\sqrt{2}$, $\theta=135°$ とすると，
点 P の座標は $(-1, 1)$
よって
$\sin 135° = \dfrac{1}{\sqrt{2}}$ ← $\dfrac{y}{r}$ ……(答)
$\cos 135° = -\dfrac{1}{\sqrt{2}}$ ← $\dfrac{x}{r}$ ……(答)
$\tan 135° = \dfrac{1}{-1} = -1$ ← $\dfrac{y}{x}$ ……(答)

(2) 150°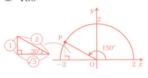

$r=2$, $\theta=150°$ とすると，
点 P の座標は $(-\sqrt{3}, 1)$
よって
$\sin 150° = \dfrac{1}{2}$ ← $\dfrac{y}{r}$ ……(答)
$\cos 150° = -\dfrac{\sqrt{3}}{2}$ ← $\dfrac{x}{r}$ ……(答)
$\tan 150° = \dfrac{1}{-\sqrt{3}}$
$= -\dfrac{\sqrt{3}}{3}$ ← $\dfrac{y}{x}$ ……(答)

44 三角比の相互関係(鈍角)

基本練習

$\cos\theta = -\dfrac{2}{3}$ のとき，$\sin\theta$, $\tan\theta$ の値を求めよ。
ただし，$0°≦\theta≦180°$ とする。

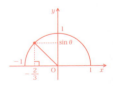

$\sin^2\theta + \cos^2\theta = 1$ より
$\sin^2\theta = 1 - \cos^2\theta$
$= 1 - \left(-\dfrac{2}{3}\right)^2$
$= \dfrac{5}{9}$

$0°≦\theta≦180°$ のとき，$\sin\theta≧0$ であるから
$\sin\theta = \dfrac{\sqrt{5}}{3}$ ……(答)
$\left[\sqrt{\dfrac{5}{9}}=\dfrac{\sqrt{5}}{\sqrt{9}}=\dfrac{\sqrt{5}}{3}\right]$

また $\tan\theta = \dfrac{\sin\theta}{\cos\theta} = \dfrac{\sqrt{5}}{3} \div \left(-\dfrac{2}{3}\right)$
$= -\dfrac{\sqrt{5}}{2}$ ……(答)
$\left[\dfrac{\sqrt{5}}{3} \times \left(-\dfrac{3}{2}\right)\right]$

45 三角比の値から角を求めよう

基本練習

$0° \leqq \theta \leqq 180°$ のとき，次の等式を満たす角 θ を求めよ。

(1) $\sin\theta = \dfrac{1}{\sqrt{2}}$

(2) $\cos\theta = -\dfrac{\sqrt{3}}{2}$

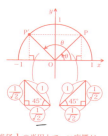

半径 1 の半円上で，y 座標が $\dfrac{1}{\sqrt{2}}$ となる点は，上の図の 2 点 P，P' である。

よって $\theta = \underline{45°, 135°}$ ……(答)   ← $180°-45°$

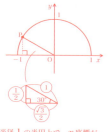

半径 1 の半円上で，x 座標が $-\dfrac{\sqrt{3}}{2}$ となる点は，上の図の点 P である。

よって $\theta = \underline{150°}$ ← $180°-30°$
(答)

46 正弦定理

基本練習

$\triangle ABC$ において，$A=30°$，$C=135°$，$c=4$ のとき，a の値と $\triangle ABC$ の外接円の半径 R を求めよ。

正弦定理により $\dfrac{a}{\sin 30°} = \dfrac{4}{\sin 135°}$ ← $\dfrac{a}{\sin A} = \dfrac{c}{\sin C}$ が成り立つ

よって $a = \dfrac{4}{\sin 135°} \times \sin 30° = 4 \div \sin 135° \times \sin 30°$

$= 4 \div \dfrac{1}{\sqrt{2}} \times \dfrac{1}{2}$

$= 4 \times \sqrt{2} \times \dfrac{1}{2}$

$= 2\sqrt{2}$

また，正弦定理より $\dfrac{4}{\sin 135°} = 2R$ ← $\dfrac{c}{\sin C} = 2R$ が成り立つ

よって $R = \dfrac{4}{2\sin 135°} = 4 \div \dfrac{1}{\sqrt{2}} \times \dfrac{1}{2}$

$= 4 \times \sqrt{2} \times \dfrac{1}{2} = \underline{2\sqrt{2}}$ ……(答)

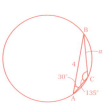

47 余弦定理

基本練習

$\triangle ABC$ において，$C=45°$，$a=3$，$b=2\sqrt{2}$ のとき，c の値を求めよ。

余弦定理 $c^2 = a^2 + b^2 - 2ab\cos C$ に
$a=3$，$b=2\sqrt{2}$，$C=45°$ を代入して

$c^2 = 3^2 + (2\sqrt{2})^2 - 2\cdot 3 \cdot 2\sqrt{2} \cdot \cos 45°$

$= 9 + 8 - 12\sqrt{2} \cdot \dfrac{1}{\sqrt{2}}$

$= 5$

$c>0$ であるから $c = \underline{\sqrt{5}}$ ← 辺の長さだから $c>0$
(答)

48 三角形の面積

基本練習

$\triangle ABC$ において，$a=9$，$b=8$，$c=7$ のとき，次の値を求めよ。

(1) $\cos C$

余弦定理により $\cos C = \dfrac{9^2 + 8^2 - 7^2}{2\cdot 9 \cdot 8} = \underline{\dfrac{2}{3}}$ ← $\cos C = \dfrac{a^2+b^2-c^2}{2ab}$
(答)

(2) $\sin C$

$\sin^2 C + \cos^2 C = 1$ より

$\sin^2 C = 1 - \cos^2 C$

$= 1 - \left(\dfrac{2}{3}\right)^2$

$= \dfrac{5}{9}$

$\sin C > 0$ であるから

$\sin C = \underline{\dfrac{\sqrt{5}}{3}}$ ……(答)

(3) $\triangle ABC$ の面積 S

三角形の面積の公式より，$\triangle ABC$ の面積 S は

$S = \dfrac{1}{2}\cdot 9 \cdot 8 \cdot \dfrac{\sqrt{5}}{3} = \underline{12\sqrt{5}}$ ← $S = \dfrac{1}{2}ab\sin C$
(答)

49 空間図形の計量

基本練習

1辺の長さが2である正四面体 ABCD において，辺 BC の中点を M，∠AMD $=\theta$ とする。このとき，次の値を求めよ。

(1) $\cos\theta$

AB＝CD＝2，BM＝CM＝1 より
AM＝DM＝$\sqrt{3}$
△AMD において
余弦定理を用いると
$$\cos\theta = \frac{AM^2+DM^2-AD^2}{2AM\cdot DM}$$
$$= \frac{(\sqrt{3})^2+(\sqrt{3})^2-2^2}{2\sqrt{3}\cdot\sqrt{3}} = \underline{\frac{1}{3}} \quad \cdots\cdots(\text{答})$$

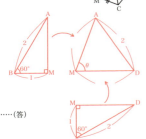

(2) △AMD の面積 S

$0°<\theta<180°$ より $\sin\theta>0$ であるから
$$\sin\theta = \sqrt{1-\cos^2\theta} = \sqrt{1-\left(\frac{1}{3}\right)^2} = \frac{2\sqrt{2}}{3} \quad \leftarrow \sin^2\theta+\cos^2\theta=1 \text{ より}$$

よって △AMD の面積 S は
$$S = \frac{1}{2}\cdot AM\cdot DM\cdot \sin\theta = \frac{1}{2}\cdot\sqrt{3}\cdot\sqrt{3}\cdot\frac{2\sqrt{2}}{3} = \underline{\sqrt{2}} \quad \cdots\cdots(\text{答})$$

共通テスト対策問題にチャレンジ

3章 図形と計量 本文ページ → 110〜111

1

△ABCにおいて，AB=3，BC=4，AC=2とする。

$\cos\angle BAC = \dfrac{\boxed{アイ}}{\boxed{ウ}}$ であり，∠BACは $\boxed{エ}$ である。

また，$\sin\angle BAC = \dfrac{\sqrt{\boxed{オカ}}}{\boxed{キ}}$ である。

線分ACの垂直二等分線と直線ABの交点をDとする。

$\cos\angle CAD = \dfrac{\boxed{ク}}{\boxed{ケ}}$ であるから，$AD=\boxed{コ}$ であり，△DBCの面積は $\dfrac{\boxed{サ}\sqrt{\boxed{シス}}}{\boxed{セ}}$ である。

ただし $\boxed{エ}$ には，下の⓪〜②のうちからあてはまるものを1つ選べ。

⓪ 鋭角 ① 直角 ② 鈍角

(センター試験本試)

解説 △ABCで，余弦定理より

$\cos\angle BAC = \dfrac{AB^2+AC^2-BC^2}{2AB\cdot AC}$ ← $BC^2=AB^2+AC^2-2AB\cdot AC\cos\angle BAC$

$= \dfrac{3^2+2^2-4^2}{2\cdot 3\cdot 2} = \dfrac{-3}{12} = -\dfrac{1}{4}$

$0°<\angle BAC<180°$で，$\cos\angle BAC<0$だから
$90°<\angle BAC<180°$
よって，∠BACは鈍角である。

$\sin^2\angle BAC+\cos^2\angle BAC=1$ より

$\sin^2\angle BAC = 1-\cos^2\angle BAC = 1-\left(-\dfrac{1}{4}\right)^2 = \dfrac{15}{16}$

$\sin\angle BAC>0$だから $\sin\angle BAC = \sqrt{\dfrac{15}{16}} = \dfrac{\sqrt{15}}{4}$

右の図のように，線分ACの垂直二等分線と直線ABの交点をD，線分ACとの交点をEとする。

∠CAD = 180°−∠BAC より

$\cos\angle CAD = \cos(180°-\angle BAC)$

$= -\cos\angle BAC$ ← $\cos(180°-\theta)=-\cos\theta$

$= -\left(-\dfrac{1}{4}\right)$ ← $\cos\angle BAC = -\dfrac{1}{4}$

$= \dfrac{1}{4}$

直角三角形AEDにおいて $\cos\angle DAE = \dfrac{AE}{AD}$ ← 直角三角形の三角比

よって $AD = \dfrac{AE}{\cos\angle DAE} = \dfrac{AE}{\cos\angle CAD} = 1\div\dfrac{1}{4} = 4$

三角形の面積の公式より

$\triangle ABC = \dfrac{1}{2}AB\cdot AC\sin\angle BAC$
$= \dfrac{1}{2}\cdot 3\cdot 2\cdot\dfrac{\sqrt{15}}{4}$
$= \dfrac{3\sqrt{15}}{4}$

△ABCと△DBCで，それぞれ底辺をAB，BDとみると高さは等しいから，面積の比は底辺の比と等しい。

AB:BD = 3:(3+4) = 3:7 だから

△ABC:△DBC = AB:BD = 3:7 より

$\triangle DBC = \dfrac{7}{3}\triangle ABC = \dfrac{7}{3}\times\dfrac{3\sqrt{15}}{4} = \dfrac{7\sqrt{15}}{4}$

| アイ…−1 | ウ…4 | エ…② | オカ…15 | キ…4 |
| ク…1 | ケ…4 | コ…4 | サ…7 | シス…15 | セ…4 |

2

△ABCにおいて，AB=3，BC=5，∠ABC=120°とする。

このとき，$AC=\boxed{ア}$，$\sin\angle ABC = \dfrac{\sqrt{\boxed{イ}}}{\boxed{ウ}}$ であり，$\sin\angle BCA = \dfrac{\boxed{エ}\sqrt{\boxed{オ}}}{\boxed{カキ}}$ である。

(センター試験本試) 一部省略

解説 △ABCで，余弦定理より

$AC^2 = AB^2+BC^2-2AB\cdot BC\cos\angle ABC$
$= 3^2+5^2-2\cdot 3\cdot 5\cos 120°$
$= 9+25-30\cdot\left(-\dfrac{1}{2}\right)$
$= 49$

$AC>0$だから $AC=\sqrt{49}=7$

$\sin\angle ABC = \sin 120° = \dfrac{\sqrt{3}}{2}$

正弦定理より

$\dfrac{AC}{\sin\angle ABC} = \dfrac{AB}{\sin\angle BCA}$

$\dfrac{7}{\sin\angle ABC} = \dfrac{3}{\sin\angle BCA}$

$\sin\angle BCA = \dfrac{3}{7}\sin\angle ABC = \dfrac{3}{7}\times\dfrac{\sqrt{3}}{2} = \dfrac{3\sqrt{3}}{14}$

| ア…7 | イ…3 | ウ…2 | エ…3 | オ…3 | カキ…14 |

3

△ABCにおいて，$AB=\sqrt{3}-1$，$BC=\sqrt{3}+1$，∠ABC=60°とする。

(1) $AC=\sqrt{\boxed{ア}}$ であるから，△ABCの外接円の半径は $\sqrt{\boxed{イ}}$ であり，$\sin\angle BAC = \dfrac{\sqrt{\boxed{ウ}}+\sqrt{\boxed{エ}}}{\boxed{オ}}$ である。ただし，$\boxed{ウ}$，$\boxed{エ}$ の解答の順序は問わない。

(2) 辺AC上に点Dを，△ABDの面積が $\dfrac{\sqrt{2}}{6}$ になるようにとるとき，$AB\cdot AD = \dfrac{\sqrt{\boxed{カ}}\sqrt{\boxed{キ}}-\boxed{ク}}{\boxed{ケ}}$ であるから，$AD=\dfrac{\boxed{コ}}{\boxed{サ}}$ である。

(センター試験本試)

解説 (1) △ABCで，余弦定理より

$AC^2 = AB^2+BC^2-2AB\cdot BC\cos\angle ABC$
$= (\sqrt{3}-1)^2+(\sqrt{3}+1)^2-2(\sqrt{3}-1)(\sqrt{3}+1)\cos 60°$
$= (4-2\sqrt{3})+(4+2\sqrt{3})-2(3-1)\cdot\dfrac{1}{2}$
$= 6$

$AC>0$だから $AC=\sqrt{6}$

△ABCの外接円の半径をRとすると，
正弦定理より $\dfrac{AC}{\sin\angle ABC} = 2R$

よって $R = \dfrac{AC}{2\sin\angle ABC} = \dfrac{\sqrt{6}}{2\sin 60°} = \dfrac{\sqrt{6}}{2\cdot\dfrac{\sqrt{3}}{2}} = \dfrac{\sqrt{6}}{\sqrt{3}} = \sqrt{2}$

同様に，正弦定理より $\dfrac{BC}{\sin\angle BAC} = 2R$

よって $\sin\angle BAC = \dfrac{BC}{2R} = \dfrac{\sqrt{3}+1}{2\sqrt{2}} = \dfrac{(\sqrt{3}+1)\cdot\sqrt{2}}{2\sqrt{2}\cdot\sqrt{2}} = \dfrac{\sqrt{6}+\sqrt{2}}{4}$

(2) 三角形の面積の公式に△ABD=$\dfrac{\sqrt{2}}{6}$ を代入して

$\dfrac{1}{2}AB\cdot AD\sin\angle BAC = \dfrac{\sqrt{2}}{6}$

よって $AB\cdot AD = \dfrac{\sqrt{2}}{6}\cdot\dfrac{2}{\sin\angle BAC}$
$= \dfrac{\dfrac{\sqrt{2}}{3}}{\dfrac{\sqrt{6}+\sqrt{2}}{4}}$
$= \dfrac{\sqrt{2}}{3}\cdot\dfrac{4(\sqrt{6}-\sqrt{2})}{6-2}$
$= \dfrac{2\sqrt{3}-2}{3}$

$AB=\sqrt{3}-1$ だから $(\sqrt{3}-1)AD = \dfrac{2\sqrt{3}-2}{3}$

よって $AD = \dfrac{2\sqrt{3}-2}{3}\cdot\dfrac{1}{\sqrt{3}-1} = \dfrac{2(\sqrt{3}-1)}{3}\cdot\dfrac{1}{\sqrt{3}-1} = \dfrac{2}{3}$

| ア…6 | イ…2 | ウ…6 | エ…2 | オ…4 |
| カ…2 | キ…3 | ク…2 | ケ…3 | コ…2 | サ…3 |

17

50 データの整理

基本練習

次のデータはあるクラスの男子生徒20人の身長を調べたものである。

| 170 | 175 | 166 | 184 | 177 | 164 | 176 | 172 | 167 | 180 |
| 172 | 168 | 174 | 178 | 165 | 181 | 171 | 163 | 173 | 168 |

(単位cm)

階級の幅を5cmとして，度数分布表を完成せよ。ただし，相対度数は小数第2位まで求めるものとする。
さらに，このデータのヒストグラムをかけ。

160 cm以上165 cm未満の階級に含まれるデータは 163，164 であるから，度数は2，相対度数は
$2 \div 20 = 0.10$
同様にして他の階級についても求めると，度数分布表，ヒストグラムは右のようになる。

階級(cm)	度数(人)	相対度数
以上　　未満 160〜165	2	0.10
165〜170	5	0.25
170〜175	6	0.30
175〜180	4	0.20
180〜185	3	0.15
計	20	1.00

……(答)

51 データの代表値

基本練習

右の表は，A市の1日の平均気温を30日間測定した結果の度数分布表である。

階級(℃)	階級値(℃)	度数(日)
以上　　未満 16〜18	17	3
18〜20	19	7
20〜22	21	10
22〜24	23	7
24〜26	25	3
計		30

(1) このデータの最頻値を求めよ。

度数が最も大きい階級は 20℃以上22℃未満 ← 度数10日で最大 の階級で，その階級値が21℃であるから
最頻値は 21℃ ……(答)

(2) この度数分布表をもとに，平均値を求めよ。

度数分布表より，平均値は
$$\frac{1}{30}(17 \times 3 + 19 \times 7 + 21 \times 10 + 23 \times 7 + 25 \times 3)$$ ← (階級値)×(度数)の合計／度数の合計
$$= \frac{630}{30}$$
$$= 21 \text{ (℃)} \quad ……(答)$$

52 四分位数とは？

基本練習

次のデータは，あるクラスの男子10名の100m走の記録である。

出席番号	1	2	3	4	5	6	7	8	9	10
タイム(秒)	13.7	12.5	11.8	13.9	13.1	12.3	14.6	12.7	13.8	12.6

(1) このデータの第1四分位数，第2四分位数，第3四分位数をそれぞれ求め，箱ひげ図をかけ。

データを小さい順に並べると
11.8, 12.3, 12.5, 12.6, 12.7, 13.1, 13.7, 13.8, 13.9, 14.6
第2四分位数（中央値）は
$\frac{1}{2}(12.7+13.1) = \underline{12.9}$ (秒) ← 5番目，6番目の平均
第1四分位数は $\underline{12.5}$ (秒) ← 3番目のデータ
第3四分位数は $\underline{13.8}$ (秒) ← 8番目のデータ
また，最小値11.8，最大値14.6 より，箱ひげ図は上のようになる。

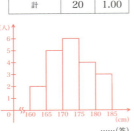
……(答)

(2) このデータの四分位範囲，四分位偏差を求めよ。

四分位範囲は $13.8-12.5=\underline{1.3}$ (秒) ……(答) ← 第3四分位数−第1四分位数
四分位偏差は $1.3 \div 2 = \underline{0.65}$ (秒) ……(答) ← 四分位範囲÷2

53 分散と標準偏差

基本練習

右のデータは，Aさんの10回の漢字テストの点数の記録である。

回	x(点)	$x-\bar{x}$	$(x-\bar{x})^2$
1	2	−1	1
2	3	0	0
3	0	−3	9
4	5	2	4
5	3	0	0
6	1	−2	4
7	5	2	4
8	2	−1	1
9	4	1	1
10	5	2	4
計		0	28

(1) データの平均値 $\bar{x}$ を求めよ。

平均値 $\bar{x}$ は
$\bar{x} = \frac{1}{10}(2+3+0+5+3+1+5+2+4+5) = \underline{3}$ (点) ……(答)

(2) (1)で求めた $\bar{x}$ を用いて，右の表を完成させよ。

$x-\bar{x}$，$(x-\bar{x})^2$ を計算すると，右の表のようになる。

(3) 標準偏差 s を求めよ。
ただし，$\sqrt{2}=1.41$，$\sqrt{5}=2.24$，$\sqrt{7}=2.65$ とし，小数第2位を四捨五入せよ。

分散 s^2 は $(x-\bar{x})^2$ の平均だから
$s^2 = \frac{1}{10}(1+0+9+4+0+4+4+1+1+4) = 2.8$
また，標準偏差 s は
$s = \sqrt{2.8} = \sqrt{\frac{14}{5}} = \sqrt{\frac{70}{5^2}} = \frac{\sqrt{2} \times \sqrt{5} \times \sqrt{7}}{5}$
$≒ \frac{1}{5} \times 1.41 \times 2.24 \times 2.65 ≒ \underline{1.7}$ ……(答) ← 1.673…

54 散布図と相関係数

本文ページ → 121

基本練習

右の表は，ある生徒の数学と英語の小テストの10回の点数である。数学（x点）と英語（y点）の点数の相関係数を四捨五入して，小数第2位まで求めよ。

回	1	2	3	4	5	6	7	8	9	10
数学	2	7	10	8	3	1	5	6	8	10
英語	2	8	8	9	3	2	3	6	10	9

数学の点数を x 点，英語の点数を y 点として次の表をつくる。

	x	y	$x-\overline{x}$	$y-\overline{y}$	$(x-\overline{x})^2$	$(y-\overline{y})^2$	$(x-\overline{x})(y-\overline{y})$
1	2	2	-4	-4	16	16	16
2	7	8	1	2	1	4	2
3	10	8	4	2	16	4	8
4	8	9	2	3	4	9	6
5	3	3	-3	-3	9	9	9
6	1	2	-5	-4	25	16	20
7	5	3	-1	-3	1	9	3
8	6	6	0	0	0	0	0
9	8	10	2	4	4	16	8
10	10	9	4	3	16	9	12
計	60	60	0	0	92	92	84
平均値	6	6			9.2	9.2	8.4

この表から相関係数を求めると

$$r = \frac{s_{xy}}{s_x s_y} = \frac{8.4}{\sqrt{9.2}\ \sqrt{9.2}} = \frac{8.4}{9.2} = 0.9130\cdots \quad \leftarrow s_x は (x-\overline{x})^2 の平均値の正の平方根$$

よって　$r = \underline{0.91}$　……（答）

19

共通テスト対策問題にチャレンジ

本文ページ → 122～123
4章 データの分析

1

下の図1および図2は，男子短距離，男子長距離，女子短距離，女子長距離の4つのグループにおける，身長のヒストグラムおよび箱ひげ図である。次の ア ， イ にあてはまるものを，下の ⓪ ～ ⑥ のうちから1つ選べ。ただし，解答の順序は問わない。
図1および図2から読み取れる内容として正しいものは， ア ， イ である。

- ⓪ 4つのグループのうちで範囲が最も大きいのは，女子長距離のグループである。
- ① 4つのグループのすべてにおいて，四分位範囲は12未満である。
- ② 男子長距離グループのヒストグラムでは，度数最大の階級に中央値が入っている。
- ③ 女子長距離グループのヒストグラムでは，度数最大の階級に第1四分位数が入っている。
- ④ すべての選手の中で最も身長の高い選手は，男子長距離グループの中にいる。
- ⑤ すべての選手の中で最も身長の低い選手は，男子長距離グループの中にいる。
- ⑥ 男子短距離グループの中央値と男子長距離グループの第3四分位数は，ともに180以上182未満である。

図1 身長のヒストグラム
図2 身長の箱ひげ図

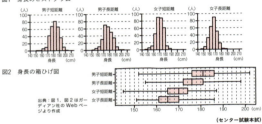

出典：図1，図2はガーディアン社のWebページより作成

(センター試験本試)

解説 ⓪ 図2より，4つのグループの範囲は
範囲＝最大値－最小値
男子短距離…202－152＝50，男子長距離…198－155＝43
女子短距離…187－145＝42，女子長距離…186－151＝35
よって，範囲が最も大きいのは，男子短距離である。

① 図2より，4つのグループの四分位範囲は
四分位範囲＝第3四分位数－第1四分位数
男子短距離…186－176＝10，男子長距離…181－172＝9
女子短距離…174－165＝9，女子長距離…170－161＝9
よって，4つのグループの四分位範囲はどれも12未満である。

② 図1より，男子長距離グループの度数最大の階級は170cm以上175cm未満の階級である。
図2より，男子長距離グループの中央値は176cm
よって，度数最大の階級に中央値は入らない。

③ 図1より，女子長距離グループの度数最大の階級は165cm以上170cm未満の階級である。
図2より，女子長距離グループの第1四分位数は161cm
よって，度数最大の階級に第1四分位数は入らない。

④ 図2より，最も身長の高い選手は202cmで，男子短距離グループの中にいる。
よって，男子長距離グループの中にはいない。

⑤ 図2より，最も身長の低い選手は145cmで，女子短距離グループの中にいる。
よって，女子長距離グループの中にはいない。

⑥ 図2より，男子短距離グループの中央値は181cm，男子長距離グループの第3四分位数は181cm
よって，ともに180cm以上182cm未満である。

ア ＝① イ ＝⑥

2

ある高等学校のAクラスには全部で20人の生徒がいる。右の表は，その20人の生徒の国語と英語のテストの結果をまとめたものである。表の横軸は国語の得点，縦軸は英語の得点を表し，表中の数値は，国語の得点と英語の得点の組合せに対応する人数を表している。ただし，得点は0以上10以下の整数値をとり，空欄は0人であることを表している。たとえば，国語の得点が7点で英語の得点が6点である生徒の人数は2である。

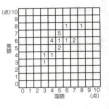

また，次の表は，Aクラスの20人について，上の表の国語と英語の得点の平均値と分散をまとめたものである。ただし，表の数値はすべて正確な値であり，四捨五入されていない。

	国語	英語
平均値	B	6.0
分散	1.60	C

以下，小数の形で解答する場合，指定された桁数の1つ下の桁を四捨五入し，解答せよ。途中で割り切れた場合，指定された桁まで0を記入すること。

(1) Aクラスの20人のうち，国語の得点が4点の生徒は ア 人であり，英語の得点が国語の得点以下の生徒は イ 人である。

(2) Aクラスの20人について，国語の得点の平均値Bは ウ . エ 点であり，英語の得点の分散Cの値は オ . カキ である。

(3) Aクラスの20人のうち，国語の得点が平均値 ウ . エ 点と異なり，かつ，英語の得点も平均値6.0点と異なる生徒は ク 人である。
Aクラスの20人について，国語の得点と英語の得点の相関係数の値は ケ . コサシ である。

(センター試験本試・改)

解説 (1) 国語の得点が4点の生徒は 4＋1＝5（人）であり，英語の得点が国語の得点以下の生徒は
$$1+1+2+1+2+1 = 8 \text{（人）}$$ である。

(2) 国語の得点の平均値Bは
$$\frac{1}{20}(3\times 2+4\times 5+5\times 8+6\times 2+7\times 2+8\times 1) = \frac{100}{20} = 5.0 \text{（点）}$$
英語の得点の分散Cの値は
$$\frac{1}{20}\{(3-6)^2\times 1+(4-6)^2\times 2+(5-6)^2\times 2$$
$$+(6-6)^2\times 8+(7-6)^2\times 5+(8-6)^2\times 2\}$$
$$=\frac{32}{20}=1.60$$

変数xがとるn個の値を$x_1, x_2, \ldots, x_n$，平均値を$\bar{x}$とすると，分散s^2は
$$s^2 = \frac{1}{n}\{(x_1-\bar{x})^2+(x_2-\bar{x})^2+\cdots+(x_n-\bar{x})^2\}$$

(3) 国語の得点が平均値5.0点と異なり，かつ，英語の得点も平均値6.0点と異なる生徒は
$$1+1+1+1+1 = 5 \text{（人）}$$ である。
この5人の国語の得点を変数y，英語の得点を変数zとする。5人以外の生徒は，国語か英語のどちらかが平均値であるため，$(y-\bar{y})$または$(z-\bar{z})$が0になり，$(y-\bar{y})(z-\bar{z})$の値が0になる。

y	z	$y-\bar{y}$	$z-\bar{z}$	$(y-\bar{y})(z-\bar{z})$
3	3	-2	-3	6
3	4	-2	-2	4
4	4	-1	-2	2
6	8	1	2	2
8	8	3	2	6

したがって，国語の得点と英語の得点の共分散の値は
$$\frac{1}{20}(6+4+2+2+6)=1$$
よって，相関係数の値は
$$\frac{1}{\sqrt{1.60}\sqrt{1.60}}=\frac{1}{1.60}=0.625$$

ア ＝5　 イ ＝8　 ウ . エ ＝5.0　 オ . カキ ＝1.60　 ク ＝5
ケ . コサシ ＝0.625